国家储备林建设
重庆实践

李留彬　王声斌◎编著

重庆大学出版社

内容提要

本书主要总结了重庆国家储备林建设进展，结合重庆山地特点，介绍了重庆国家储备林建设背景、建设必要性、建设规划和建设现状。本书共分为8章，详细阐述了重庆国家储备林建设背景，重庆国家储备林建设规划，重庆国家储备林林地流转，重庆国家储备林林木资源管理，重庆国家储备林营造林工程管理，松材线虫病防治与马尾松林改培试点，森林经营试点，以及林下经济项目试点。

本书结合重庆国家储备林建设过程、技术和方法，为西南山区国家储备林建设、对马尾松松材线虫病防控、疫木利用及马尾松林地改培提供参考。

图书在版编目（CIP）数据

国家储备林建设重庆实践/李留彬，王声斌编著
. -- 重庆：重庆大学出版社，2022.12
ISBN 978-7-5689-3650-7

Ⅰ.①国…　Ⅱ.①李…②王…　Ⅲ.①林业—森林经营—研究—重庆　Ⅳ.①S75

中国版本图书馆 CIP 数据核字（2022）第 235945 号

国家储备林建设重庆实践
GUOJIA CHUBEILIN JIANSHE CHONGQING SHIJIAN

李留彬　王声斌　编　著
特约编辑：秦旖旎
责任编辑：杨粮菊　　版式设计：杨粮菊
责任校对：刘志刚　　责任印制：张　策

*

重庆大学出版社出版发行
出版人：饶帮华
社址：重庆市沙坪坝区大学城西路 21 号
邮编：401331
电话：（023）88617190　88617185（中小学）
传真：（023）88617186　88617166
网址：http://www.cqup.com.cn
邮箱：fxk@cqup.com.cn（营销中心）
全国新华书店经销
重庆升光电力印务有限公司印刷

*

开本：720mm×1020mm　1/16　印张：12.25　字数：215 千
2022 年 12 月第 1 版　　2022 年 12 月第 1 次印刷
印数：1—3 000
ISBN 978-7-5689-3650-7　定价：98.00 元

作者简介

李留彬

　　男,汉族,53 岁,毕业于北京大学生物学系,获理学硕士学位,高级工程师,现任中国林业集团有限公司副总经理,重庆市林业投资开发有限责任公司董事长(兼),北京林业大学 MBA 校外导师。曾主持完成绥芬河国家进口木材加工交易示范基地、商量岗森林旅游康养基地和俄罗斯基洛夫中林集团林业产业园区等10 余项林业重点项目建设,主持开展重庆市 500 万亩国家储备林项目建设,公开发表论文 10 多篇。

王声斌

　　男,汉族,58 岁,中共党员,林学本科,中央党校研究生,武汉大学高级工商硕士,曾长时间从事"三农"、三峡移民及库区经济社会发展工作,现分管林业生态保护、生态修复及生态产业方面工作。

编委会成员

顾问：
沈晓钟　曹春华
主编：
李留彬　王声斌
副主编：
罗　廉　杨德敏　向国伟　杨光平　方　文　陶志先
编写人员：
李留彬　王声斌　罗　廉　杨德敏　向国伟　杨光平
方　文　陶志先　刘　杨　董　智　鲜李虹　申小娟
李鸿苇
参编人员（按笔画排序）：
马立辉　王声斌　王朝英　韦　丹　方　文　邓清洪
申小娟　田　勇　白建伟　师贺雄　向国伟　向晋含
刘　杨　刘　锋　李留彬　李　涛　李鸿苇　杨光平
杨　健　杨清平　杨朝强　杨德敏　吴天冬　张小玲
张　伟　张轶军　陈丽花　陈学知　罗　廉　孟祥江
赵勇斌　洪家国　祝浩翔　袁　洪　郭　帆　陶志先
黄珍富　彭　佳　董　智　曾云飞　温　强　谢　阳
谢英赞　鄢徐欣　鲜李虹　熊兴政　熊秀秀

序

　　国家储备林建设是国之大计,是对"绿水青山就是金山银山"科学理念的生动诠释,是精准提升森林质量的重要工程,是推进林业供给侧结构性改革的有效抓手,是实现乡村振兴的重大项目,是为了满足经济社会发展和人民美好生活对优质木材需要的战略性工程。同时,国家储备林建设工程也是充满着改革创新机遇和挑战的事业。这一点则是国家储备林建设与其他林业工程建设不同之所在。迄今,国家储备林建设项目已经遍布大江南北,项目建设和运营的制度、机制、模式等不断推陈出新,为这项国家战略工程建设的科学化、高效化、高质化贡献着实践的支撑。

　　当然,国家储备林建设作为国家战略性工程,必然是一项长期的事业,其制度、政策、机制和模式等建设依然在路上。因此,总结过去,探索未来,是为保证高质量实现国家储备林建设目标提供指导的现实要求,《国家储备林建设重庆实践》一书便体现了这一要求。

　　《国家储备林建设重庆实践》全面系统地描述了重庆市国家储备林建设的整体面貌和对制度、机制与模式的探索。在重庆市的国家储备林建设实践中,市委、市政府立足于改革创新,努力探索并形成了一系列有效的制度机制体系和有效的运营模式,包括引入行业国家层次的旗舰企业——中国林业集团,重组了重庆市林业投资开发有限责任公司(以下简称"重庆林投公司"),作为重庆市国家储备林建设的承接和经营主体,明确了建设经营的责任者,为项目建设提供了产权运营主体的保障;借助于国家储备林金融创新实现与国家开发银行的有效合作,为项目建设提供了重要的资金保障;创新建设经营者产权实现林地林木收储机制,为项目建设提供产权激励和土地林地等基础资源保障;建立市委、市政府领导的国家储备林建设

相关部门和单位的协调机制,出台相关支持和约束政策,为项目建设提供坚实可靠的组织和政策保障。同时,重庆林投公司在林地收储、森林经营、林下经济、疫病防控、技术推广、队伍建设、产业设计等环节探索并实践了具有鲜明特色的建设、运营与管理模式,为项目建设的落地运行并实现项目生态、经济和社会效益,提供了管理专业化与技术专业化的保障。这一系列的改革与创新,最终为实现集约人工林栽培、现有林改培、森林抚育等建设内容的要求,高质量、规模化、标准化地营造和培育用材林、经济林、生物质能源林,培育乡土树种、珍贵用材树种和大径级用材林等多功能森林,有效增加重庆市的森林面积,提高现有林分质量,增加森林资源储备,努力在长江经济带绿色发展中发挥示范带动作用,为筑牢长江上游重要生态屏障、推动成渝地区双城经济圈绿色发展、把重庆建成山清水秀美丽之地,提供坚实的绿色本底和生态安全保障。

应当说,国家储备林建设的重庆实践,既具有鲜明的特色,也隐含着国家储备林建设的一般性要求与规律,对正在国家储备林项目建设进程中的,或者将要开展这项工作的单位和相关者有积极的示范和借鉴价值。因此,《国家储备林建设重庆实践》为实现国家储备林建设重庆实践经验的示范与借鉴价值,提供了适时和适用的工具。相信本书能够进一步引发人们对国家储备林建设项目的关心,帮助业内从事国家储备林建设的单位与人员,更加科学有效地开展集约人工林栽培、现有林改培、森林抚育工作,为国家和地方培育人工用材、珍贵树种和大径材等林种,为国家的"木材安全"提供战略性的物质支撑,同时又为地方经济特别是乡村振兴和林业产业发展提供现实的行业支撑,真正将绿水青山转化为金山银山。从这个意义上说,《国家储备林建设重庆实践》也是一本能够启发读者更深刻地认识国家储备林建设对践行"绿水青山就是金山银山"理念重要意义的读物。

2022 年 10 月

前　言

国家储备林建设与提高森林质量、增加森林碳汇、增进木材生产息息相关,旨在通过集约人工林栽培、现有林改培、抚育及补植补造等措施,营造和培育工业原料林、乡土树种、珍稀树种和大径级用材林等多功能森林。国家储备林建设是对"绿水青山就是金山银山"科学理念的生动诠释,是精准提升森林质量的重要抓手,是巩固脱贫攻坚成果同乡村振兴有效衔接的重要载体。

2015 年以来,国家林业和草原局认真贯彻落实党中央、国务院的决策部署,正式编制印发《国家储备林制度方案》,厘清了国家储备林的发展方向和思路,强调坚持"立木储备、科学经营、绿色发展、机制创新"的原则,提出国家储备林项目建设的主要任务和组织保障。国家储备林管理依据、管理办法、划定办法、核查办法等规定陆续出台,《国家储备林建设规划》《国家储备林树种目录》《国家储备林现有林改培技术规程》等文件相继印发,建立了国家储备林培育、经营和管理的科学理论体系。截至 2021 年,国家储备林建设已辐射全国 29 个省(区、市)、新疆生产建设兵团及 4 个森工集团,累计建设 6 732 万亩(1 亩≈666.67 平方米)。

2019 年,国家林业和草原局、重庆市人民政府、国家开发银行签署《支持长江大保护共同推进重庆国家储备林等林业重点领域发展战略合作协议》,确定重庆市为国家储备林基地项目重点合作省份,支持重庆市先期实施国家储备林基地建设500 万亩,投资规模 193 亿元,融资额度 150 亿元。几年来,重庆在国家储备林的林地收储、营造林生产、资金项目管理等实践中,形成了一系列客观实用的技术导则和措施,切实提高林地收储管理水平,提升林地经营管理效率。

本书是重庆林投公司自开展国家储备林建设以来的技术总结,并获重庆市林

业局科技兴林专项"重庆地区杉木大径材培育技术集成示范"和"重庆市松材线虫病防治与马尾松林改培研究"支持;内容主要来源于重庆国家储备林建设实践的第一手资料,并参考国内外相关研究成果。本书从重庆国家储备林建设背景、建设规划、林地收储、森林经营、项目管理等环节进行探索,并着重对松材线虫病防治与马尾松林改培、林下经济、建设初步成效等问题进行了探讨,力求客观真实地记录重庆国家储备林建设技术成果和阶段性成效,以便各国家储备林建设管理和实施主体参考借鉴。本书的出版旨在总结国家储备林重庆实践中的技术成果,希望能起到抛砖引玉的作用,能对各地国家储备林建设有所贡献。

国家储备林建设需要进行不断的实践总结和沉淀,需要多行业的参与和合作,需要更多的机制创新和政策支持。《国家储备林建设重庆实践》在此草草成册,部分结论和技术成果仍需进一步深入探讨,缺点和纰漏在所难免,敬请读者批评指正。

编写组

2022 年 10 月

目　录

第一篇　规划篇

第1章 重庆国家储备林建设背景

1.1 国家储备林建设背景

建设生态文明是中华民族永续发展的千年大计。党的十八大将生态文明建设纳入"五位一体"总体布局,党的十九大指出,坚持人与自然和谐共生,树立和践行"绿水青山就是金山银山"的理念,既要创造更多物质财富和精神财富以满足人民日益增长的美好生活需要,也要提供更多优质生态产品以满足人民日益增长的优美生态环境需要,把林业的地位和作用摆在了前所未有的高度,赋予新时代林业建设新内涵、新要求。党中央、国务院赋予了林业在贯彻可持续发展战略中的重要地位,在生态文明建设中的首要地位,在西部大开发中的基础地位,在应对气候变化中的特殊地位;明确提出实现科学发展必须把发展林业作为重大举措,建设生态文明必须把发展林业作为首要任务,应对气候变化必须把发展林业作为战略选择,解决"三农"问题必须把发展林业作为重要途径。

国家储备林是指为满足经济社会发展和人民美好生活对优质木材的需要,在自然条件适宜地区,通过集约人工林栽培、现有林改培、抚育及补植补造等措施,营造和培育的工业原料林、乡土树种、珍稀树种和大径级用材林等多功能森林。国家储备林建设对于维护国家木材安全、发展绿色生态、推进森林质量精准提升具有重要意义。

近年来,党中央、国务院高度重视林业生态建设和国家储备林建设。2011 年以来,全国人大、政协、国务院参事室、两院院士多次开展国家储备林专题调研。2013 年,《中共中央 国务院关于加快发展现代农业进一步增强农村发展活力的若干意见》(中发〔2013〕1 号) 明确提出"加强国家木材战略储备基地建设",同年 9 月,原国家林业局将"加快国家木材战略储备基地建设"列入《推进生态文明建设规划纲要(2013—2020 年)》(林规发〔2013〕146 号)。2014 年 10 月,原国家林业局向国务院报送了《关于加快木材战略储备基地建设建立国家储备林制度的报告》(林丰字〔2014〕38 号),提出实施好《全国木材战略储备生产基地建设规划》、探索建立国家储备林制度、积极引导和调动社会资本参与木材储备生产基地建设的建议。2014 年 11 月,《国务院关于创新重点领域投融资机制鼓励社会投资的指导意见》(国发〔2014〕60 号),要求在资源环境、生态建设、基础设施等重点领域进一步创新投融资机制。2015 年,《中共中央国务院关于加大改革创新力度加快农业现代化建设的若干意见》(中发〔2015〕1 号) 再次提出"建立国家用材林储备制度"。2015 年中共中央、国务院《生态文明体制改革总体方案》和 2016 年《关于深入推进农业供给侧结构性改革加快培育农业农村发展新动能的若干意见》(中发〔2016〕1 号),又分别提出"加强国家木材战略储备基地和林区基础设施建设"。2017 年 1 月,国家发展改革委、原国家林业局、国家开发银行、中国农业发展银行《关于进一步利用开发性和政策性金融推进林业生态建设的通知》(发改农经〔2017〕140 号),提出进一步加大国家储备林基地建设,保障国家储备林基地建设资金。

图 1.1　国家储备林与农田交错共存

国家储备林建设利国、利民、利林,迎来了新的发展机遇,面临着有利的发展条件(图 1.1)。截至 2021 年,国家储备林建设已辐射全国 29 个省(区、市)、新疆生产建设兵团及 4 个森工集团,累计建设 6 732 万亩,其中利用国家开发银行、中国农业发展银行贷款建设国家储备林 2 326 万亩。截至 2021 年 12 月,"两行"累计授信 3 732 亿元,累计发放贷款 1 431 亿元。

1.1.1 森林资源总量不足质量不高

改革开放以来,我国林业事业取得了长足发展。根据第九次全国森林资源清查结果(2014—2018 年),全国林业用地面积 48.45 亿亩,森林面积 33 亿亩(其中人工林面积 12 亿亩),森林蓄积量 175.60 亿立方米,森林覆盖率达到 22.96%。国家统计局数据显示,相较于第七次全国森林资源清查结果(2004—2008 年),我国森林面积增加了 3.75 亿亩,森林覆盖率增加了 2.56 个百分点,人工林面积多年保持世界首位。但在取得成绩的同时,我国森林资源仍存在以下不足。

(1)森林资源总量不足

联合国粮食及农业组织(FAO)发布的 2020 年《全球森林资源评估》报告显示,全球共有 609 亿亩森林,人均森林面积 7.80 亩。我国森林资源面积占世界森林资源面积的 5.42%,位居世界第五位;森林蓄积量占世界森林蓄积量的 3.45%,居第六位。但森林覆盖率比世界平均水平低 9.00%;人均森林面积 2.40 亩,约为世界人均水平的 1/4;人均森林蓄积量 12.50 立方米,约为世界人均水平的 1/7。

(2)森林资源质量不高

据第九次全国森林资源清查结果(2014—2018 年),全国乔木林平均 70 株/亩,平均胸径 13.40 厘米,平均郁闭度 0.58。乔木林蓄积量 6.32 立方米/亩(年均生长量 0.32 立方米/亩),远低于世界林业发达国家。乔木林按起源分,天然林蓄积 7.42 立方米/亩,人工林蓄积 3.95 立方米/亩;按林木所有权划分,国有林蓄积 9.07 立方米/亩,集体林蓄积 5.08 立方米/亩,个人所有林蓄积 4.09 立方米/亩。其中,我国人工林面积 12 亿亩,占有林地面积的 36.45%;总蓄积量 33.87 亿立方米,仅占森林蓄积的 19.86%;人工林蓄积量 3.95 立方米/亩,仅相当于全国乔木林平均水平的 62.50%,人工林质量处于较低水平。经综合评价,我国乔木林质量指数为 0.62,质量等级优质的占 20.68%,中等的占 68.04%,差的占 11.28%,质量整体上处于中等水平,森林资源质量水平有待提升。

（3）森林资源结构失衡

从龄组结构看，全国乔木林面积中，中幼龄林比例较大，幼龄林 8.82 亿亩，占 32.67%；中龄林 8.44 亿亩，占 31.27%；总占比为 63.94%。而全国 63.18% 的近、成、过熟林主要分布在内蒙古、黑龙江、四川、西藏、云南、吉林等 6 个省（自治区），分布区域较集中。从树种结构看，乔木林优势树种（组）中，面积比重排名前 10 位的栎树、冷杉、桦树、云杉、杉木、落叶松、马尾松、杨树、云南松和山杨，蓄积合计 114.97 亿立方米，占全国乔木林蓄积的 67.40%，常规树种分布过于集中。天然乔木林中纯林面积占比 47.42%，混交林占比 52.58%；人工乔木林中纯林面积占比 80.98%，混交林仅占 19.02%。人工林中纯林更多，人工乔木林树种单一问题突出。

（4）森林经营和质量提升滞后

《森林采伐作业规程》（LY/T 1646—2005）规定，郁闭度 0.70 以上的天然中幼龄林和郁闭度在 0.80 以上的人工中幼龄林为过密乔木林。第九次全国森林资源报告显示，全国 1/3 的乔木林均存在过密或过疏的问题，且全国乔木林中，受病虫害灾害面积占比超过 1/10，管护经营不善，未能使林分发挥最大的经济效益。同时，出于经营主体权责不明晰、资金投入不足等原因，我国森林经营历史欠账多，大部分林地森林抚育、补植补造等经营措施严重滞后，森林采伐利用仍以轮伐、皆伐等粗放经营方式为主。且林区基础设施落后，路网密度平均只有 27 米/亩，处于极低水平，严重制约森林培育经营。

1.1.2 木材产品供需关系不平衡

木材是国民经济发展和人民生活不可或缺的基础原材料，是满足经济社会可持续发展的绿色材料，与粮食、石油同为重要的战略资源。在构建以国内大循环为主体、国际国内双循环相互促进的新发展格局中，优质木材供给能力的提升既是满足市场需要，更肩负着维护国家生态安全、经济安全的重任。近年来，我国对木材产品的消费在持续不断增长，与全国森林资源总量不足、质量不高，森林经营管理和质量提升滞后形成鲜明对比，供需关系存在以下特点。

（1）木材刚性需求持续增加

近年来，随着我国经济社会的发展，我国已成为全球第二大木材消耗国、第一大木材进口国。木材消耗逐年增加，由 2000 年 1.10 亿立方米增加到 2019 年 6.30

亿立方米,总消费量是 2000 年的 5 倍多。预计到 2025 年,我国城镇化率将达到 65.50%,按世界人均木材消耗水平的 80% 计算,木材需求量将达到 8 亿立方米,缺口达 2.50 亿立方米以上。随着经济社会发展和人民美好生活对木材需求的持续增长,我国木材供需矛盾将长期存在。

（2）木材供应缺口增大

20 世纪末,我国实施天然林资源保护工程,停止了长江上游、黄河中上游天保工程区和减少了东北、内蒙古重点国有林区的天然林商业性采伐。2014 年以来,根据中央安排部署,我国全面停止了 21 亿亩天然林商业性采伐,木材产量增速放缓,到 2021 年,木材产量开始下降。同时,我国木材进口量在 2019 年以前一直呈上升趋势,2019 年达到 1.13 亿立方米,但从 2020 年开始,木材进口量呈下降趋势,到 2021 年,我国进口木材 0.96 亿立方米,进一步加大了我国的木材供需缺口（图 1.2）。

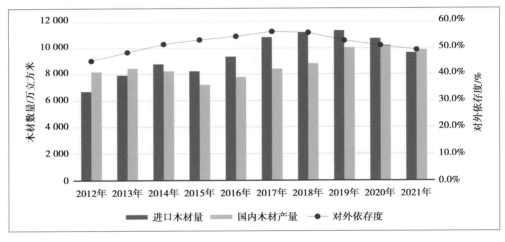

图 1.2　我国木材生产及进口数量①

1.1.3　国际资源配置难度加大

当前,受国际木材交易限制影响,我国原木进口阻力增大,各种挑战增多。《濒危野生动植物种国际贸易公约》严格限制交易的树种增加至 400 余种,全球先后有 86 个国家限制或禁止珍稀和大径级原木出口。部分国家采取绿色壁垒等贸易保

---

① 使用国家统计局及中国海关数据转绘。

护主义措施或反倾销诉讼,加大对我国木材和木制成品进出口限制,珍稀树种和大径级原木进口存在断供风险。

我国用世界3%的森林蓄积,支撑约占全球20%的人口对木材等林产品的需求,又要维护占世界7%的国土的生态安全,森林资源面临巨大压力。我国木材供给总量不足,供给结构失衡,供需缺口的持续加大,致使木材对外依存度已超过50%,供需矛盾日益凸显,木材安全形势十分严峻,由此衍生的木材安全问题亟待解决。

1.2　重庆国家储备林建设的必要性

重庆国家储备林项目建设空间大、潜力大,能进一步增加重庆市森林面积,增加森林资源储备,加大木材资源保障,是对"绿水青山就是金山银山"科学理念的生动诠释,是推进林业供给侧结构性改革的重要抓手,也是切实提高森林经营水平,精准提升现有林分质量的重要工程,对推进长江流域及三峡库区的生态文明建设、森林生态建设和林业现代化建设,筑牢长江上游重要生态屏障,把重庆建设成山清水秀美丽之地具有重要意义(图1.3)。

图1.3　重庆市奉节县国家储备林

1.2.1　服务国家木材安全大局的重大举措

生态安全是国家安全体系的重要内容,木材安全与生态安全密切相关。维护国家木材安全,必须立足国内,提高自身木材供给能力,走出一条生产能力高效、经营规模适度、储备调节有序、生态环境良好的木材安全道路。重庆是西部大开发的重要战略支点,处在"一带一路"和长江经济带的联结点上,立足"两点"定位,发挥林地资源和林木资源优势,利用长江黄金水道、中欧班列(重庆)、国际陆海贸易新通道、"渝满俄"班列等通道优势,依托"铁公水空"四式联动物流运输体系,开展国家储备林建设和配套市场要素布局,在贯彻中央战略部署,加快推进国有林区、国有林场改革,完善天然林保护制度的同时,建立国家储备林制度,大力发展国家储备林,增加国家木材战略储备资源,完善木材战略市场体系,是肩负生态保护与经济社会发展重要使命、保障木材安全的重大举措,也是服务国家木材安全大局的重要内容。

1.2.2　发展长江经济带绿色生态的重要举措

2019年4月,习近平总书记在重庆考察时,要求重庆更加注重从全局谋划一域、以一域服务全局,努力在推进新时代西部大开发中发挥支撑作用、在推进共建"一带一路"中发挥带动作用、在推进长江经济带绿色发展中发挥示范作用。习近平总书记心系长江生态,明确提出保护好三峡库区和长江母亲河,事关重庆发展,事关国家发展全局,在今后相当长的时期要把修复长江放在压倒性的位置,共抓大保护、不搞大开发。要求重庆建设长江上游重要生态屏障,推动城乡自然资本加快增值,使重庆成为山清水秀美丽之地。重庆市委提出要着力促进人与自然和谐共生,建设山清水秀美丽之地,实施生态优先绿色发展战略行动计划。国家储备林基地的建设对于提升资源的环境承载能力和维护三峡库区生态安全具有重要作用,是践行长江经济带共抓大保护的重要举措,必将在长江经济带绿色发展中发挥示范作用(图1.4)。

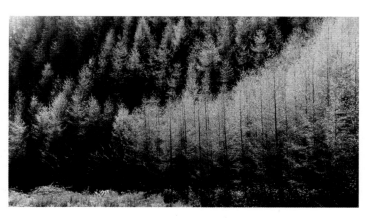

图1.4　重庆市巫山县国有林场国家储备林

1.2.3　推进森林质量精准提升的必要举措

提高森林质量、增强生态功能,恢复和构建健康稳定优质高效的森林生态系统是现代林业建设的永恒主题,事关林业可持续发展全局以及国家的生态安全、木材安全和气候安全。加快国家储备林项目建设,是从我国社会主要矛盾已经转化的实际情况出发,以实现大保护前提下的高质量发展为指引,采取科学经营措施,转变林业发展方式,提升森林的整体质量,提高林地产出率,确保实现森林资源面积、蓄积量和效益"三增"目标,确保森林资产保值、增值,提高森林经营综合效益的有效手段。项目建设将着力精准提升森林质量,加快推动国土绿化,实现森林科学经营与合理利用,实现森林资源和林业的可持续发展,满足经济社会发展和人民美好生活对优质木材的需要。

1.2.4　助力乡村振兴战略的有力举措

大力实施乡村振兴战略,是党的十九大作出的重大部署。重庆作为"一带一路"和长江经济带的联结点,对标对表中央精神,重庆市委提出了"生态优先绿色发展战略行动计划""乡村振兴战略行动计划"等战略部署。林业是实施乡村振兴战略和区域协调发展战略的主战场,具有重要地位和特殊作用。推进国家储备林建设,有利于改变当前重庆市林业低投入低产出的现状,引导林业向更加高效和可持续的方向转变,引导大力发展林木培育、加工、制造和森林旅游等产业,促进规模

集约经营,提供更多创业增收致富平台,提升乡村经济发展水平。有利于扩大绿色生态空间,构建森林生态屏障,改善乡村环境,提升乡村绿化、美化、亮化水平。有利于打造乡土树种、珍贵树种等生态景观,提高乡村整体品质和面貌,留住乡愁,留住韵味,提升乡村社会文明水平。

1.2.5 推动林业供给侧结构性改革的关键举措

森林资源是推动社会经济发展的重要内在要素,具有可再生性和永续利用的特点,是实现经济、社会和环境可持续发展的有效途径。长期以来,林业产业结构不合理、林业生态产品供给不足、林业事业政府色彩浓厚、发展新动能转化滞后、产业升级缓慢,结构性矛盾十分突出。以国家储备林建设为契机,引进战略资本、拓宽融资路径、创新发展模式、推动政策改革,发展壮大珍贵树种、速生丰产林、速生乡土阔叶树大径材等优质林木,增加优质木材供给,推动政府办林业向企业办林业转变,对推进重庆市林业经济结构战略性调整和促进林业经济持续健康发展具有重要意义(图1.5)。

图1.5 重庆市城口县国家储备林

1.3　重庆国家储备林建设条件

1.3.1　重庆国家储备林建设优势

1)气候条件优越

重庆市位于北纬28°10′~32°13′,地处四川盆地边缘,具有典型的亚热带气候特点,年平均气温16~18 ℃,年日照时数1 000~1 400小时,年平均降水量较丰富,大部分地区在1 000~1 350毫米,降水多集中在5—9月,占全年总降水量的70%左右,年平均相对湿度多在70%~80%。

主要气候特点可以概括为:冬暖春早,夏热秋凉,四季分明,无霜期长;空气湿润,降水丰沛;太阳辐射弱,日照时间短,多云雾,少霜雪;光温水同季,立体气候显著,气候资源丰富。植物一年四季均可生长,林木生长量是全国平均水平的2~3倍,十分适宜培育用材林等森林资源。

2)区位优势明显

重庆地处长江上游和三峡库区腹心地带,是长江上游重要生态屏障的重点区域。三峡库区是全国最大的淡水资源储备库,维系着全国35%淡水资源涵养和长江中下游3亿多人的饮水安全,是全国人民的"水窖",保护好长江母亲河,维护三峡库区生态安全,是重庆义不容辞的历史责任。同时,作为"一带一路"和长江经济带的联结点,重庆市具有明显的区位优势。林业区域经济合作既方便"走出去",也容易"引进来"。当前及今后很长一段时间内,重庆市利用国际国内两个市场、两种资源发展林业产业的优势非常明显。

3)建设空间充足

"十三五"以来,重庆市森林面积、蓄积迅速增加,生态环境得到有效改善。全

市林地面积 6 909 万亩①,森林面积 6 742 万亩,森林覆盖率 54.50%,森林蓄积 2.5 亿立方米。重庆国家储备林项目实施县(区)有山地、丘陵、台地、岩溶等多种地貌类型,可用于集约人工林栽培的疏林地、无立木林地及宜林地等林地 250 余万亩,通过开展大规模的国土绿化提升行动,重庆全市森林覆盖率已得到有效提升。另外,结合新一轮退耕还林,新造林面积达到 310 余万亩,且林地土层深厚,土层厚度一般在 100 厘米以上,土壤种类大部分为红黄壤(黄红壤)及黄壤,少部分为水稻土和红壤,均适用于集约人工林栽培。综上,重庆现有林地类型及森林资源将为国家储备林建设项目提供充足的用地空间和林分资源。

4)林业科研基础佳

重庆市经过多年的发展,已建立形成以西南大学、重庆市林业科学研究院、重庆市林业规划设计院为代表的林业科研机构和团队,并在长期的科研及生产实践中,取得了突出的成绩。当前,西南大学及重庆市林业科学研究院正在以实现"集中攻关、局部突破、创新品牌"为目标,为重庆市的林业发展提供技术服务。近年来,全市广大林业科技工作者们刻苦攻关、不断创新,取得了多项科技成果。

5)良种壮苗有保障

自 20 世纪 70 年代中期重庆市开始建设种子园以来,林木种苗事业得到了长足发展。截至 2021 年,已选育和培育出马尾松、杉木、油茶等林木良种近百个,建成了国家和重庆市林木良种基地 11 处,面积 5 250 多亩,基本建立形成了以重庆市林业科学研究院为主,县(区)林业科研单位为辅的联合良种选育体系;以国家和市重点林木良种基地为骨干,地方林木良种基地为基础的良种培育体系;以国有林场和各县(区)林业局中心苗圃为主体,社会苗圃为补充的苗木生产体系;以主要造林树种为主,珍贵树种、主要速生乡土树种、木本油料及生物质能源树种共同协调发展的苗木繁殖体系。健全完善的林木种苗选育、繁育、生产条件,为重庆国家储备林项目建设的良种壮苗生产提供了基础保障(图 1.6)。

---

① 2016 年重庆市林地变更调查及 2021 年重庆市森林资源管理"一张图"年度更新成果。

图 1.6　国家储备林保障性苗圃大足苗圃

1.3.2　重庆国家储备林建设劣势

1）集约人工林栽培空间受限

重庆市森林资源以天然林为主,天然林面积 4 392 万亩,占全市林地的 63.60%;人工林 2 517 万亩,占全市林地的 36.40%。全市乔木林地中马尾松林面积 2 107 万亩,占全市乔木林地面积的 43.40%[①],而马尾松林松材线虫病分布范围

————————

① 2016 年重庆市林地变更调查及 2021 年重庆市森林资源管理"一张图"年度更新成果。

广,难以发挥出相应的林木生态效益、经济效益及社会效益。纵观全市森林资源现状,普遍存在结构失衡,用材林树种、材种结构单一的问题,以及低效林多、优质林少,小径材多、大径材少,中幼林多、成熟林少,一般树种多、珍贵树种少,针叶纯林多、混交林少等"五多五少"共性问题,林地产出率较低,木材直接经济价值低,森林培育和木材生产蕴藏的巨大潜力尚未发挥出来。

2）项目推进限制因素多

国家储备林项目建设是一项开创性的工作,是公益性、社会性、政策性、技术性很强的系统工程,现阶段相关政策制度和标准规程不够完善,没有现成的经验和模式提供参考,属于探索前行。重庆市开展国家储备林项目建设受到天然林起源认定、地方公益林调整、松材线虫病除治及疫木利用、森林经营采伐指标等政策制度的限制,影响项目推进。

3）经营管理系统经验少

国家储备林项目建设是为保障国家木材安全而施行的战略措施,以活立木的方式储备木材,国家储备林与其他类型林分相同,其林分管护是一项系统工程,森林防火、林业有害生物防治等措施按原管控治理渠道不变,但抚育改培等措施受到采伐方式、强度、数量等限制,不能完全照搬其他类别林分的经验。随着林业供给侧结构性改革的持续推进,对国家储备林建设的要求变得更高,急需加强管理机制的创新变革。只有保证明确有效的经营管理政策,保持经济政策的长期稳定性,才能推动重庆国家储备林生产目标顺利完成。

1.3.3 重庆国家储备林建设机遇

1）强化金融支持,推动项目落地

贯彻中央金融工作会议精神,把握金融服务实体经济、保护生态环境、增加绿色金融供给等政策机遇,不断推进林业创新投融资机制,原国家林业局联合财政部下发了《关于做好国家储备林建设工作的通知》《林业改革发展资金管理办法》《关于运用政府和社会资本合作模式推进林业生态建设和保护利用的指导意见》等文件,联合国家发展改革委下发了《关于运用政府和社会资本合作模式推进林业建设的指导意见》,明确发挥财政资金的引领作用,充分利用开发性和政策性金融,探索政府和社会资本合作模式,将国家储备林纳入林业贷款贴息、森林保险等补助范围。原国家林业局分别与国家开发银行、中国农业发展银行、中国农业银行联合印发了有关意见和通知,与国家开发银行、中国农业发展银行签订了共同推进国家储备林等重点领域建设发展战略合作协议,共同创新推出了适合林业发展的长周期、低成本金融产品。

对于重庆国家储备林项目,国家林业和草原局与重庆市政府给予贷款贴息支持,国家开发银行给予长周期、低利率政策支持,从而破解大型林业生态工程投资大、周期长、见效慢、风险高等难题,以市场"无形之手"助力全市生态建设,完成由政府办林业向企业办林业的动力转换。

2）凝聚多方力量，保障项目实施

重庆市政府将国家储备林列入全市重点项目加以推进,重庆市林业局成立"国家储备林项目管理办公室",指导督促项目落地实施。将项目写入全市林业"十四五"规划,并作为重点工程予以支持。建立完善重庆市林业局、国家开发银行重庆市分行和重庆林投公司的联席会议制度,每月坚持由市林业局分管领导主持召开工作例会,研究解决工作中的重大问题和困难,成为项目实施的重要保障及强大推力。

3）完善配套支撑，搭建平台赋能

重庆市发展改革委、市林业局、市财政局联合印发《关于加快推进重庆市国家储备林建设的通知》,明确重庆林投公司作为项目的申报主体、实施主体,可以直接向市级相关部门申报项目;明确国家储备林建设项目可以全面享受林业重点工程项目等国家和市级支持政策;明确要深化政策落实,探索建立"林票"制度,开展林业碳汇、森林认证试点,探索发放《林木权证》等,赋予国家储备林项目更大的改革探索空间。为有效破解松材线虫病防控难题,在市政府、市林业局和中林集团共同努力下,争得国家林业和草原局同意在梁平区开展2万亩松材线虫病防治与马尾松林带状改培试点,成为全国首例。中林集团筹建的碳研究院把基地建在重庆,并结合国家储备林项目探索开展林业碳汇试点。国家林业草原国家储备林工程技术研究中心落地重庆,在大观基地建设国家储备林科技创新体系技术平台。

4）创新模式搭建，央地合作共赢

重庆市委、市政府引进中林集团，通过央地合作的形式，对原重庆林业投资公司进行重组。其中，重庆市政府以原重庆林业投资公司资产占股5%为基础，引进中林集团以现金增资并占股45%，相关区县以国有林地、林木和其他林业资产折资参股共占比50%，重新组建重庆市林业投资开发有限责任公司（以下简称"重庆林投公司"），并对其资产规模进行了充实。

央地合作的新模式既解决了投入问题，又不增加政府债务或隐性债务，还有效盘活了沉睡的山林资源。重组充分调动了中国林业集团在国土绿化、产业培育、生态扶贫等方面与重庆市开展深度合作的积极性，也更好地发挥了中央企业在森林资源培育、林业全产业链运营和生态产业综合开发等方面的优势。重庆市则在政策支持、行业服务、组织协调和国有商品林资源等方面，为项目提供有力支撑。此外，中国林业集团以自身资产为项目提供担保，破解了地方政府不能担保融资的难题，也增强了国家开发银行的放贷信心。

1.3.4　重庆国家储备林建设挑战

1）林木资源经营周期长

国家储备林建设是一个长周期的生产经营过程，尤其是林木成材的生长周期普遍较长，尽管有国家开发银行长周期、低利率的政策性贷款支持，国家林业和草原局以及市政府也给予了一定的贷款贴息支持，但企业还本付息的压力仍然很大，特别是宽限期到期后，如果项目不能实现盈利将面临极大的还款风险。

重庆国家储备林项目在建设运营初期收入来源单一，主要靠木材采伐等获得收益，但林木生长周期较长，难以在短期内达到预期效益，且重庆地势特殊，天然林、公益林较多，林地呈插花式分布给经营管护带来了极大的困难，同时重庆市森林资源以马尾松林为主，松材线虫病发生程度较为严重，森林质量不高，大部分储备林建设区县均已按疫区管理，所有采伐的松木均按疫木管理，木材价值被严重低估。受限于多方面因素，储备林建设前期收入单一，资金回款少且效率低，难以满足融资还款要求。

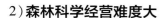

2）森林科学经营难度大

森林经营是以提高森林质量，建立稳定健康、优质高效的森林生态系统为目标，而开展的一系列贯穿整个森林生长周期的保护和培育森林的活动。

开展国家储备林建设，更要遵循现代森林经营原理，做到保护与利用协调统一，编制系统性、全面性森林经营规划方案，进行统筹规划和预先部署，在不破坏生态的前提下，对林地进行集约化经营，按林分个体和群体生长发育节律，适时、适当地对近、成、过熟林进行采伐利用，合理利用森林资源，提高商品林经济效益。但受认识水平、发展阶段的限制，目前，森林经营多以保护为主，着重关注森林资源水源涵养、生物多样性保护、土壤保持等生态功能，保护、经营和利用的关系处理过于简单，一讲保护，就禁止一切经营和利用活动；一讲经营和利用，就造成资源的过度采伐利用。

3）探索林地资源可持续利用

林业在贯彻可持续发展战略中具有重要地位，而森林可持续经营是实现林业可持续发展的实践路径。应以国家储备林项目建设为切入点，以国家储备林林地为依托，建设规划发展种苗花卉、林下经济、木材深加工与贸易、森林旅游和森林康养等多种森林经营利用方式，将产业链延伸至用途广泛、经济价值高、受益期长的经济林种植及培育，大幅改善当地林分结构，提高单位面积林分产量，同时不断探索高质量发展和生态产品价值实现的路径，积极发挥碳汇功能，利用森林碳汇开发生态产品、提供生态服务等途径实现生态补偿机制，切实做到经济效益、社会效益和生态效益同步提升，实现一二三产业融合发展，解决企业长期能获利、中短期可盘活的经营效益问题，同时实现百姓富和生态美的有机统一。

第2章 重庆国家储备林建设规划

　　为深入贯彻落实习近平生态文明思想和习近平总书记对重庆重要指示要求，对接原国家林业局《国家储备林建设规划（2018—2035年）》目标，推进生态文明建设，推动林业供给侧结构性改革，精准提升森林质量。重庆市政府与国家林业和草原局、国家开发银行签署了《支持长江大保护共同推进重庆国家储备林等林业重点领域发展战略合作协议》，编制了《重庆市国家储备林建设项目总体规划》，与中林集团签署战略合作协议，引入中林集团重组重庆林投公司，共同推进重庆市国家储备林项目建设。在全市规划建设国家储备林500万亩，总投资193亿元，重点开展集约人工林栽培、现有林改培、森林抚育、林业特色产业、林产品加工贸易、生态旅游、森林康养等建设。有效增加重庆市的森林面积，提高现有林分质量，增加森林资源储备，努力在长江经济带绿色发展中发挥示范带动作用，为筑牢长江上游重要生态屏障、推动成渝地区双城经济圈绿色发展、把重庆建成山清水秀美丽之地提供坚实的绿色本底和生态安全保障。

2.1　规划目标

2.1.1　总体目标

建设 500 万亩国家储备林基地,提高全市森林覆盖率 1.2 个百分点;通过营造林树种乡土化、珍贵化,材种大径级化,林分复层异龄混交化,达到林分结构优化,提高用材林及经济林单位面积产量;力争将重庆国家储备林基地建成长江上游国家储备林建设的核心基地,为三峡库区提供重要的生态支撑,助力筑牢长江上游重要生态屏障,致力把重庆建成山清水秀美丽之地。

2.1.2　具体目标

①建设 500 万亩国家储备林基地,新增森林面积 150 万亩,提高全市森林覆盖率 1.2 个百分点。

②通过林分结构优化调整,提高用材林及经济林单位面积产量,生产木材 1 亿立方米、薪材 770 万吨;生产林副产品如茶、油茶等经济林产品 10 万吨。

③改扩建储备林种苗基地 8 300 亩,新建木材储备加工贸易基地 4 100 亩,将重庆市打造成产、供、销为一体的全国最大的复合型国家储备林基地;建设森林康养基地面积 6 万亩,打造国家级森林康养基地。

④因地制宜地开展林下种植,并培育一批会管理、懂技术的农民科技人员,提高林业建设的技术力量。

2.2　建设范围

根据国家储备林建设要求,确定重庆国家储备林建设范围为 37 个区县(自治县)和重庆高新区、万盛经开区,可划分为主城都市区、渝东北三峡库区城镇群和渝东南武陵山区城镇群三个区域。主城都市区包括涪陵区、大渡口区、江北区、沙坪坝区、九龙坡区、南岸区、北碚区、渝北区、巴南区、长寿区、江津区、合川区、永川区、南川区、綦江区、大足区、铜梁区、璧山区、潼南区、荣昌区等 20 个区和重庆高新区、万盛经开区,共规划集约人工林栽培 28.24 万亩、现有林改培 83.27 万亩、森林抚育 33.61 万亩;渝东北三峡库区城镇群包括万州区、开州区、梁平区、城口县、丰都县、忠县、垫江县、云阳县、奉节县、巫山县、巫溪县等 11 个区县,共规划集约人工林栽培 77.07 万亩、现有林改培 108.57 万亩、森林抚育 23.84 万亩;渝东南武陵山区城镇群包括黔江区、武隆区、石柱县、秀山县、酉阳县、彭水县等 6 个区县(自治县),共规划集约人工林栽培 44.69 万亩、现有林改培 88.16 万亩、森林抚育 12.55 万亩。各区县建设面积与建设内容布局情况详见图 2.1。

图 2.1　重庆国家储备林分区县营林基地建设规划布局图

2.3 建设规模

项目建设总规模为 500 万亩,其中集约人工林栽培面积 150 万亩,现有林改培 280 万亩,森林抚育 70 万亩。在集约人工林栽培和现有林改培中,主要选用杉木、水杉、鹅掌楸、枫香树、松类等中周期用材林树种及红椿、木荷等中周期乡土珍贵树种;配套楠木、樟等长周期珍贵树种和柏木等长周期用材林树种;适当栽培少量桉树、大径竹等短周期用材林树种以及油茶、木榉榄(油橄榄)等经济林树种,以满足经营主体前期偿贷要求。根据基地建设需要,新建林区公路 1 625 千米,维修林区公路 1 018 千米,新建防火线(林带)1 418 千米,新建简易管护房 16 840 平方米;购置营造林机械 3 400 套,采集运行机械 95 套;改扩建种苗基地 8 300 亩。同时在储备林基地发展林下经济,因地制宜开展林下种植 20 万亩,建设森林康养基地 6 万亩,将其打造成为国家级森林康养基地。并根据需要建设木材储存、加工、贸易等配套设施。

2.4 建设分期

项目建设分两期完成。一期项目建设期 8 年(2019—2026 年)。建设储备林基地 330 万亩,总投资 125 亿元。其中集约人工林栽培 100 万亩,现有林改培 180 万亩,森林抚育 50 万亩。新建林区硬化公路 1 020 千米,维修林区道路 550 千米,新建防火林带 963 千米,新建简易管护房 11 720 平方米。购置营造林机械 2 400 套,森林抚育间伐及病虫害防治机械 55 套。改扩建种苗基地 8 300 亩。在储备林基地发展林下经济,因地制宜开展林下种植 20 万亩,建设森林康养基地 6 万亩。

建立项目科技支撑平台 1 个,建立森林资源监测体系 1 套。开展市级培训 7 200 人次,开展县级培训 9 600 人次。

二期项目建设期 8 年,根据一期项目建设情况适时启动。建设储备林基地 170 万亩,其中集约人工林栽培 50 万亩,现有林改培 100 万亩,森林抚育 20 万亩。新建林区硬化公路 605 千米,维修林区道路 468 千米,新建防火林带 455 千米,新建简易管护房 5 120 平方米。购置营造林机械 1 000 套,森林抚育间伐及病虫害防治机械 40 套。开展市级培训 3 000 人次,开展县级培训 4 000 人次,巩固加强项目经营能力建设。

2.5 建设内容

根据国家储备林建设要求和重庆市林业发展规划,确定本项目建设内容主要有营林基地与其他基地。营林基地建设内容包括营造林工程、苗木工程、林下种植工程、基础设施及设备购置工程、经营能力建设等 5 项内容;其他基地建设内容包括木材储备加工贸易基地工程和森林康养基地工程等 2 项内容。并根据实际和需要,在保障前述项目主要目标实现的基础上,配套适度开发效益良好的林下养殖、森林食品等,提高项目综合产出。

2.5.1 营造林工程

根据各区域的立地条件和树种的生物学、生态学特性,遵循因地制宜、适地适树适种源原则,优先选择效益好的速生乡土阔叶树种、珍贵树种和经过引种试验的外来优良树种,营造多树种、多层次的混交林。营造林工程建设总规模为 500 万亩。其中集约人工林栽培面积 150 万亩,现有林改培 280 万亩,森林抚育 70 万亩。树种结构包括桉树等短周期树种,杉木、松类等中周期树种,柏木等长周期树种,红椿、桤木等中周期乡土珍贵树种,楠木、樟、栎类等长周期珍贵树种,杉类、椿类、桤木混交林(针阔混交比 5∶5),油茶、木樨榄(油橄榄)等经济林。

2.5.2　林木种苗工程

为了提高全市现有苗圃的苗木生产能力,为项目基地建设提供充足的良种壮苗,对全市现有苗圃进行改扩建很有必要。苗圃建设将以国家林木良种种苗基地为核心、以市级林木良种种苗基地为重点进行改扩建,扩大良种基地的生产能力,增加良种苗木的供应量,为项目基地的建设提供充足的良种苗木。建设期内,计划在黔江区、石柱县、秀山县、南川区、武隆区、永川区、万州区、梁平区、城口县、丰都县、大足区、忠县、开州区等13个区县(自治县)进行新(扩)建和改建苗圃,共计8 300亩(图2.2)。

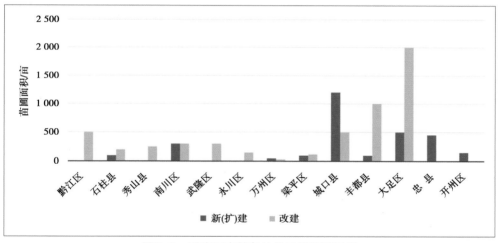

图2.2　重庆国家储备林分区县苗圃规划

2.5.3　林下种植工程

为提高林地单位面积经济效益,带动更多林农就业,在储备林基地建设的同时,因地制宜地开展林下中药材、林下菌类种植,发展林下经济种植面积20万亩,与国家储备林基地建设同步进行。

2.5.4　基础设施及设备购置工程

根据工程建设的需要,进行基础设施配套工程建设,主要包括新建林区公路1 625千米,维修林区公路1 018千米,新建防火线(林带)1 418千米,新建简易管护房16 840平方米。同时,配套购置设备一批,主要包括营造林机械3 400套,采集运输机械95套。

2.5.5　经营能力建设

国家储备林基地项目建设规模大,布局广,为保障项目建设质量,拟成立以重庆市林业科学研究院、重庆市林业规划设计院等为主要成员单位的项目科技支撑体系,加强技术培训和现场技术指导;林以种为本,种以质为先,科学规划布局一批保障性苗圃,实现基地种苗生产良种化、专业化和基地化;加强对森林经营管理人员、项目参与人员、林农等的培训,配备森林经营管理中所需的工具、设备等。

建立项目科技支撑领导小组1个,各区县(国有林场)建立科技支撑小组;开展市级培训10 200人次,开展县级培训13 600人次;建立资源监测体系1套。

2.5.6　木材储备加工贸易

为了提高国家储备林基地建设的综合效益,在进行营造林基地建设的同时,建设木材加工与销售一条龙服务的综合基地,将有效地提高资源的利用率。因此,本项目在建设营林基地的同时,新建一个集木材加工、贸易、运输与服务为一体的综合基地,即木材储备加工贸易基地。该基地占地面积4 100亩,建设内容包括木材贸易、粗加工、精深加工、展示交易、机械制造、物流仓储、金融服务、电子商务、研发设计、教育培训、会议会展、文化创意、森林旅游等。

2.5.7　森林康养基地

为提升森林多功能经营利用水平,因地制宜地在松类、柏类、栎类等具有杀菌、杀虫功能的森林建设森林康养基地,规划面积 6 万亩。在现有基础设施上,完善交通、住宿、供电、通信等配套设施建设,提高综合接待服务能力。基于森林养生、森林疗养、森林体验、森林健身等核心功能,统筹规划建设森林康养步道综合体系,增强森林的可进入性;加强森林康养设施建设,满足各类群体养生需求;完善康养标识标牌系统,包括步道标识解说系统和康养设施解说系统等。加强森林康养文化建设、森林康养产品开发和品牌建设,打造国家级森林康养基地。

第二篇　管理篇

第3章 重庆国家储备林林地流转

为维护国家生态安全和木材安全，认真落实《支持长江大保护共同推进重庆国家储备林等林业重点领域发展战略合作协议》关于重庆国家储备林的建设目标及任务要求，加快推进重庆国家储备林建设进程，重庆林投公司不断探索创新林地流转模式，制订收储导则、工作手册、宣传手册等图文资料用以指导实践，有效推进重庆各区县林地收储工作，切实提高集体林地收储管理水平，提升收储林地经营管理效率，标准化、规模化经营重庆国家储备林。

3.1 林地流转方式

林地流转方式主要包括国有林地入股和林地收储两种方式，国有林地入股主要是在公司成立初期，以国有林地作价入股重庆林投公司，达到应有股份比例即止；林地收储主要是通过支付流转金的方式进行收储。

根据林地权属及类型不同，林地收储主要分为一次性支付方式收储及分年度支付方式收储两种方式。分年度支付方式收储适用于村集体经济组织和林地权属属于农户的人工商品林；一次性支付方式收储适用于林地权属清晰的国有乡（镇）村集体林场和企业、大户等所流转的拥有林权的人工商品林。

3.2 国有林地入股

3.2.1 国有入股林地选择

国有入股林地应选择未纳入公益林、自然保护地、国家特别规定灌木林等的人工商品林,具备完整清晰的产权证明,即持有林地范围内完整的林地经营权、林木所有权及林木经营权,林地无纠纷和抵押等不能使用的情况的国有林地。

3.2.2 林地入股流程

1)前期工作准备

①资料收集与对接:重庆林投公司与区县林业局签署保密协议,调取基础数据(矢量数据、小班一览表、卫星影像、加盖公章的林权证复印件等)。

②筛选整合收储范围:重庆林投公司和区县储备林办公室(或国有林场)共同对国有林地按照相关标准及原则进行筛选整合,确定入股林地范围,并出具入股承诺函。

2)法律调查工作

由重庆林投公司和区县国家储备林办公室(或国有林场)共同委托第三方机构开展法律调查工作。法律调查内容包括区县产权持有人的基本信息、入股资产权属、有无抵押及权属纠纷等,确保产权转移过程中无法律风险,若入股前法律调查未通过,则终止合作。

3)森林资源调查工作

①调查样地设置:按照森林资源调查方法,深入小班内部机械布点,统计该区

县入股小班林地的样地总数。

②确定调查机构:由重庆林投公司负责,通过招投标,聘请持有森林资源调查资质的单位开展调查。重庆林投公司与区县林业局(区县产权持有人)、调查公司共同签订三方合同。

③资源调查准备:将林地变更数据(二调数据)、林权证信息、外业调查标准格式表、内业标准空白表等资料与调查公司进行对接,做好调查前图文资料准备工作。

④开展资源调查:召开重庆林投公司、区县林业局和调查机构参与的三方会议,确定调查技术标准、调查人员、进场时间及后勤保障工作等。调查单位在重庆林投公司、区县林业局监督下开展资源调查工作。

⑤外业调查抽检:由重庆林投公司和区县林业局组成质量检查组,采取随机抽查样地的方式,核实森林资源调查质量。

⑥内业数据处理:调查单位根据森林资源调查内业标准进行数据统计与汇总,形成森林资源调查成果及结果分析报告。

4)资产评估工作

①评估机构确定:通过比选确定符合中林集团及国家开发银行共同备选库下的评估机构开展资产评估,由重庆林投公司与区县林业局(区县产权持有人)、调查机构共同签订三方合同。

②资产评估:重庆林投公司、区县林业局(区县产权持有人)和评估机构共同参与现地情况核实,对森林资源调查数据进行比对,并按照《重庆市国有人工商品林地价评估技术导则》(重庆市林学会印发)和《森林资源资产评估技术规范》(LY/T 2407—2015)开展评估。

③评估分析与结果认定:评估公司指定具有评估资格证书的评估师进行分析评估,出具评估初稿征求重庆林投公司及区县林业局意见,得到三方共同认可后出具正式的资产评估报告、评估说明及评估明细表。

5)公示与备案

①结果汇报:重庆林投公司、区县林业局分别向各自主管部门对调查及评估结果进行汇报,并取得同意入股意见。

②公示:资产评估结果在中林集团、重庆林投公司、区县产权持有人等资产评估项目相关单位和部门范围内进行公示。公示期间,公示范围内企事业员工依据有关保密规定签署保密承诺函,并履行必要的程序后,方可查阅评估资料。

③备案:按照中林集团资产评估备案要求填写"备案申请表"和资产评估备案请示。

6)权证办理

重庆林投公司委托区县林业局或分(子)公司办理林权入股到重庆林投公司。

7)资产验收入库、产权登记

由重庆林投公司负责资产的验收管理工作,经验收合格后,依照《企业国有资产产权登记管理办法》的规定办理变动产权登记。

8)办理出资证明书

重庆林投公司向股东签发出资证明书,并加盖重庆林投公司公章。出资证明书应当载明公司名称、公司成立日期、公司注册资本、股东的姓名或者名称、缴纳的出资额和出资日期、出资证明书的编号和核发日期。

3.3 林地收储

3.3.1 收储原则

坚持在长期稳定和完善农村土地家庭联产承包责任制,维护集体林地所有权,稳定承包权,放活经营权的条件下开展国家储备林林地收储工作。

①"依法、有偿、自愿"的原则。按照土地法、森林法、农村土地承包法等有关规定,在不改变集体林地所有权和林地用途的前提下,按照农民自愿的原则,开展林地流转工作,流转费归承包农户和村集体经济组织所有。

②"公开、平等、协商"的原则。集体林地流转工作的信息、程序、流转方案和流转结果在一定范围内向社会公开,平等协商并统一流转单价,统一签订授权委托协议和流转合同,接受社会监督。

③"管理、规范、有序"的原则。组织专班开展林地流转工作,强化政策解读和宣传、示范带动作用,规范合同、权证等流转资料管理,及时依法调解流转纠纷、维护双方合法权益,确保流转工作规范有序进行。

④"集中、规模、增效"的原则。结合市情、民情和林情,选择立地条件好、资源丰富、相对集中连片的区域进行林地流转,确保林地、林木资源能够有效利用,便于开展适度规模经营。

3.3.2 收储对象

①未划入自然保护地和生态保护红线的人工商品林,前一轮退耕还林的林地(已享受完退耕还林补贴且已划定为人工商品林),以及经营条件好可调整为人工商品林的人工起源地方公益林。

②林地权属清晰、无矛盾纠纷的林地。

③不与基本农田重叠的林地。

④立地条件较好,坡度较缓、土层较厚(原则上丘陵地区坡度30°以下、土层60厘米以上,山地地区坡度45°以下、土层40厘米以上)的林地。

⑤原则上集中连片800亩以上,单块面积不少于100亩的林地。

⑥其他应当符合条件的林地。

3.3.3 收储内容

林地经营权、林木所有权和林木使用权。

3.3.4 收储期限

流转期限为30年以上。

3.3.5　收储价格

协议期限内,林地流转实行一区一县一策,根据各区县林地质量、农户意愿等确定流转单价,并按照以农户为主,兼顾农村集体经济组织原则,由重庆林投公司协助当地政府提出资金分配意见进行合理分配。木材采伐分成根据各区县林木资源状况另议。

3.3.6　收储流程

重庆国家储备林收储主要包括分年度支付方式收储、一次性支付方式收储两种模式,大致流程为前期准备、森林资源调查、公示备案、权证办理等,但不同模式的具体流程各异,重庆国家储备林林地收储流程详见图3.1。

1)分年度支付方式收储

(1)林地收储准备

①资源数据比对。调取拟收储区县林地"一张图"数据和第三次全国国土调查数据进行比对,并以第三次全国国土调查数据为基础,在剔除生态保护红线、自然保护地红线范围内林地后,分析集体林地中的人工商品林分布区域及面积,将集中分布区域作为拟收储对象林地。同时,对集体林地中人工起源的地方公益林区域及面积进行辅助分析,在按程序调整为人工商品林后,可作为收储对象。

②资源现场初查。根据比对掌握的拟收储林地分布区域、林班,区县林业局配合重庆林投公司开展现场调查,实地查看社会民情、交通区位、林地林木资源、立地条件、林地可及度等,初步确定拟收储区县、拟收储范围和拟收储林地经营方向。

③初选收储地块。区县林业局、农业农村委等提供航拍图、卫星照片、县乡村界,由重庆林投公司结合林地"一张图"和现场调查情况进行判读分析,初选拟收储集体林地收储范围,初步确定拟收储乡镇,制订集体林地拟收储范围"一张图",用于指导林地收储工作外业调查。

④编制项目规划。拟收储规模符合重庆林投公司收储规模要求后,区县成立国家储备林建设领导小组及办公室,组织编制国家储备林建设规划,确定建设范

围、建设规模、建设期限、建设内容、投资规模、资金来源及保障措施等,用于指导集体林地收储及国家储备林建设工作。

（2）宣传发动

①区县工作对标。由当地区县政府、重庆林投公司、区县林业局组织各乡镇政府主要领导、相关职能部门领导召开储备林集体林地流转工作启动大会,对国家储备林项目建设政策进行深入宣传,详细介绍集体林地收储政策、流程和方法,会上明确各单位、乡镇（街道）职责,安排布置收储任务。有关区县应结合实际情况组建国家储备林建设管理办公室,并落实必要的工作经费。

②乡镇宣传发动。有收储意向的乡镇人民政府（含街道办事处,下同）向区县国家储备林办公室提交书面申请,在与区县林业局、重庆林投分（子）公司进行深度交流、统一思想后,由区县国储办同乡镇人民政府组织召开乡镇、村、社干部宣传大会暨林地流转工作动员会,明确林地流转政策和流程,以及各村初步符合收储的面积与范围。

③村民意见沟通。村民委员会对照集体林地拟收储范围"一张图",组织召开村民代表大会,对收储政策、流程和收益分配等进行宣传,确定分户方式,解答村民疑惑。经2/3以上村民或村民代表表决同意参与收储后,村民委员会向所在乡镇人民政府提交收储申请,再由乡镇人民政府汇总各村参与意向,向区县国储办申请实施国家储备林林地收储。

（3）收储林地本底调查

区县国储办及重庆林投分（子）公司根据各乡镇申请实施的国家储备林建设情况,按照收储指导原则、收储条件等要求,组织技术人员,应用各类影像图、地形图和矢量数据,以村上确定的分户方式或有利于村上分户的方式为原则,以社（新社、老社等为界）为单位进行外业调绘,初步确定拟收储林地范围。

（4）核定收储范围

区县国储办、重庆林投分（子）公司派出技术人员,会同各村村民委员会,利用初步确定的收储范围图,实地将拟收储林地范围落实到具体小班,填写相关表格。

技术人员对调绘的林地小班,再次进行内业筛选,修订拟收储小班四至边界,形成集体林地拟流转小班图及基本情况表。区县国储办将修订后的集体林地拟流转小班图和基本情况表经乡镇下发各村村民委员会进行审核,若无异议,参与人员在相应图表上签字确认。对需要调整的地块,调整完成后,再进行签字确认。

（5）数据审查

各村流转林地数据资料收集汇总后，提交至区县国储办，由区县国储办、重庆林投公司森林资源发展部及分（子）公司进行审查。审查通过后，由区县国储办将收储小班图、表经乡镇人民政府分发至各村村民委员会。

（6）村民决议

村民委员会根据审查后的数据资料，组织村民或村民代表召开会议，明确收储面积，讨论确定面积分户方案，经 2/3 以上村民或村民代表表决同意后，授权委托村集体经济组织将本村集体林地流转至重庆林投公司，并形成会议记录、会议照片、村民决议和村民签到册，作为后期流转合同附件。

（7）资料编制与收集

根据会议纪要内容，由区县国储办、重庆林投分（子）公司协助，农村集体经济组织组织涉及林地流转的群众开展面积落实到户工作，形成农户签字，村委会、村集体经济组织签章确认的分户面积表，收集林地流转户林权证复印件。

（8）公示

村民委员会应将集体林权流转授权委托协议签字表、集体林地林权流转授权委托协议、流转合同、申请办理农村土地经营权证等情况进行公示。公示照片存档保留，作为流转合同附件。公示期不得少于 7 日。

（9）出具林地权属声明书

为维护重庆林投公司合法权益，保证收储林地权属关系清晰、明确，不存在权属纠纷，农村集体经济组织出具林地权属声明书（加盖公章）和承诺书，明确法律责任。

（10）签订授权委托协议和流转合同

根据集体林权流转授权委托协议签字表、村民与村集体经济组织签订集体林地林权流转授权委托协议，农村集体经济组织在收集完善各类必备资料后，报区县国储办、重庆林投分（子）公司进行审核，审核完成后，再由村集体经济组织与重庆林投公司签订集体林地林权流转合同。

（11）办理林地相关权证

区县国储办及时协调区县规划自然资源部门，提供原农户林权证、各类协议等资料，办理协议明确的集体林地经营权证至重庆林投公司。

2）一次性支付方式收储

一次性支付收储主要针对国有林地，乡镇、村办林场及企业、大户所经营的林权清晰的林地，按法律尽调、资源调查、资产评估、合同签订、权证办理流程进行收储，收储流程参照国有林地入股流程进行。

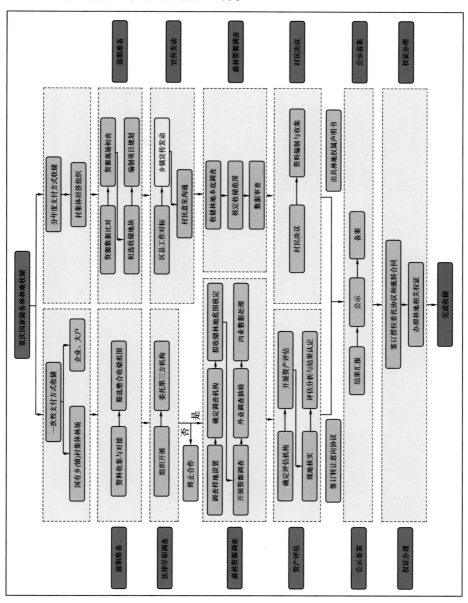

图3.1 重庆国家储备林林地收储流程图

3.4 重庆国家储备林林木资源管理

3.4.1 林木资源及其监测管理

重庆林投公司及各部门按照相关法律、法规,负责对公司森林资源进行综合管理,分(子)公司负责对所管辖范围内的林地及林木资源进行具体管理(图3.2)。

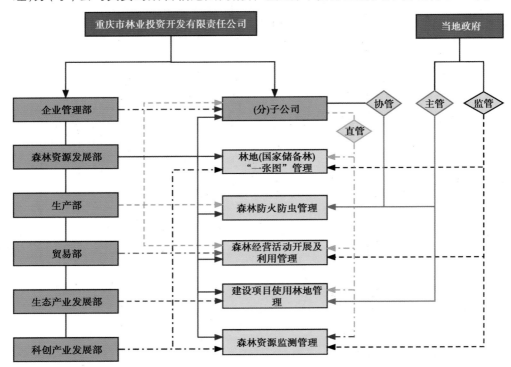

图3.2 林木资源及其监测管理框架图

1)重庆林投公司森林资源管理的主要职责

①林地(国家储备林)"一张图"管理。

②森林防火防虫管理。

③森林经营活动开展及利用管理。

④建设项目使用林地管理。

⑤森林资源监测管理。

2）重庆林投分（子）公司对各辖区所属森林资源管理主要职责

①开展森林资源管理及经营利用检查。

②协助地方人民政府（国有林场）开展森林防火防虫管理,按照公司及林业主管部门的要求开展森林防火防虫管理的具体工作。

③开展林地"一张图"管理。

④开展森林资源监测管理。

3.4.2　智慧林业管理系统

1）构建林业大数据体系

实现林业信息资源数字化。实现各种林业信息实时采集、快速传输、海量存储、智能分析、共建共享,解决摸清重庆林投公司林业资源家底并提供生产经营决策准确原始数据的问题。

实现林业资源相互感知化,实现智慧化。利用传感设备和智能终端,使重庆林投公司生产经营、安全监测系统中的森林、湿地、野生动植物等林业资源可以相互感知,能随时获取需要的数据和信息,改变以往"人为主体、林业资源为客体"的局面,实现林业客体主体化,更深层地解决对林业资源时空化、智慧化管理的问题。

实现林业信息传输互联化。建立横向贯通、纵向顺畅,遍布各个末梢的网络系统,实现信息传输快捷,交互共享便捷安全,为发挥智慧林业的功能提供高效网络通道,解决重庆林投公司林业信息资源按需依权共享的问题（图3.3）。

智慧林业大数据体系	监测数据	施工监测数据	防火监测数据	防虫监测数据	系统平台
		防伐监测数据	林木监测数据	事件分布数据	"一张图"系统
	康养数据	项目选址数据	规划储备数据	项目开发数据	
	营林数据	营林生产项目分布数据	营林生产树种分类数据	营林生产和物料数据	营林生产质量和验收数据
	发展数据	森林经营方案数据	森林资源收储和入股数据	林地及森林资源使用数据	
	现状数据	三调林地数据	国有林场范围数据	森林资源调查数据	
	基础数据	正射影像	倾斜影像	地形图	路网水系	地名地址等

图3.3　智慧林业大数据体系

2）构建生产经营业务系统

　　智慧林业倡导资源循环利用,关键在于"开源"和"节流"。一方面,利用信息技术,有重点、分层次地对林业有形和无形资源进行充分开发,在经营范围内对资源进行区域间的合理配置;注重林业发展中信息人才的培育,加大对林业工作者信息素养的培训,从根本上提升对林业资源的开发利用能力;依据资源特点进行增值开发,提升资源价值,充分发挥信息资源对物质资源的替代性优势。另一方面,利用信息技术对生产技术和业务工具进行改进,减少林业建设发展过程中的物质和能量消耗,通过资源减量化实现循环发展;通过对全国林业有形和无形资源的整合与重构,优化体制机制,减少各种交易成本,提升林业发展的价值。所以,在统一的智慧林业平台上构建符合重庆林投公司生产经营业务特征的信息系统是信息化工作的重点(图3.4)。

3）构建防灾监测系统

　　建成完备的林区无线网络及林木感知、林区环境感知、林业管理智能感知等方面的林业物联网,形成全覆盖的林业感知和传输网络;构建林业遥感卫星、无人遥感飞机等监测感知系统,实现对林业资源的动态监测和自动预警、全面监测和相互感知。利用成熟的 GIS 技术,结合 RS、GPS 等技术,实现快速火灾定位、火场信息获取,有效部署可调度扑火队伍、扑火物资、扑火装备等资源,实时或及时将森林火灾事件发生发展情况和扑火处置状况传递给相关人员,实现协调指挥、有序调度和有效监督,提高森林火灾扑火指挥的科学技术水平。在林业数字资源的基础上构

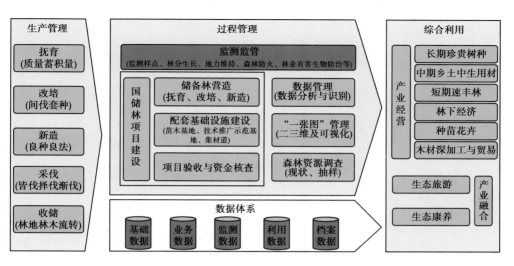

图 3.4　监测监管系统体系

建防灾监测系统将成为防灾监测工作的重要技术手段。

4) 构建智慧林业"一张图"

重庆林投公司经营业务具有地域覆盖广、资源数量多、安全责任重、投资资金大、监管决策难等特征,公司的领导经营班子如何精准决策是公司的重大挑战。通过智慧林业系统,利用三维、AR、VR、三维虚拟沙盘等可视化手段快速模拟身临其境的场景,结合大数据分析、AI 等技术辅助领导决策班子实现精准决策。智慧林业"一张图"数据库应该包含林地因子、基础因子、管理因子、林分因子、规划因子,以及森林资源监测、规划、管理、生产等过程中产生的各类数据(图 3.5)。

图 3.5　智慧林业"一张图"

为满足智慧林业"一张图"管理数据信息需求,重庆林投公司各部门及分(子)公司在办理林地流转、森林资源培育及经营利用过程中,应保证所有文本、图表等资料按统一格式保存。做到图表数据真实、准确、完整;收集规范、整洁,专人管理;管理规范、高效、安全。妥善保存林地流转及使用过程中所形成的档案资料,加快纸质资料电子化进程,形成电子化档案数据库,为业务开展、监测监管、数据分析提供支撑。

3.4.3 森林防火防虫管理

国有林场入股林地森林管理主体为原国有林场,一次性收储集体林地管理主体为当地人民政府、街道办事处。重庆林投公司应严格按照《中华人民共和国森林防火条例》《森林病虫害防治条例》等有关法律、行政法规的规定,协助国有林场、当地人民政府和街道办事处加强森林资源防火防虫管理。同时对两种收储林地都应加强林区生产经营用火的指导、监督和检查,督促村集体经济组织加强林区用火管理,发现火情时及时向当地林业主管部门和重庆林投公司森林资源发展部报告火情,协助开展好森林火灾扑救、调查和评估工作。加强森林资源培育、森林病虫害防治管理工作的指导、监督。发现严重森林病虫害时,应当及时向当地林业主管部门报告,配合做好森林病虫害除治工作。

3.4.4 森林经营活动开展及利用管理

①加强重庆林投公司及分(子)公司森林培育项目监管,积极参与项目资料审查,牵头组织项目的内部检查验收,归档验收数据,及时更新、调整林地"一张图"数据库。

②森林抚育、现有林改培等项目需办理林木采伐手续的,由公司委托辖区分(子)公司依照项目作业设计和采伐设计,按照相关程序进行办理,施工过程接受地方林业主管部门和公司森林资源发展部监管。

③分(子)公司使用重庆林投公司所属森林资源开展经营利用的,需编制项目建议书或可研报告,明确使用面积、使用时限、投资规模、资金来源、效益分配等,由公司组织相关部门共同研究,报公司审议并按相关程序审批完成后,方可组织实

施,实施过程接受重庆林投公司的监督和管理。

④分(子)公司应结合森林资源培育及经营利用实际情况,根据相关法律、法规及公司相关管理办法,积极制订辖区森林资源培育和经营利用管理制度及细则,规范森林资源经营利用管理。

3.4.5　建设项目使用林地管理

①建设项目使用林地,是指在林地上建造永久性、临时性的建筑物、构筑物,以及其他改变林地用途的建设行为。包括非森林经营单位勘查、开采矿藏占用林地,各项建设工程占用林地和建设项目临时占用林地;森林经营单位在所经营的林地范围内修筑直接为林业生产服务的工程设施占用林地。

②建设项目使用重庆林投公司所属林地的,严格按照《中华人民共和国民法典》《中华人民共和国森林法》《建设项目使用林地审核审批管理办法》及有关法律、法规的规定办理相关手续。

③非森林经营单位占用或临时占用重庆林投公司所属林地的,由用地单位提出申请,经分(子)公司预审、公司相关部门核实、公司总经理办公会审查通过后,公司就占用方式、补偿费用等与使用林地单位进行洽谈,形成意向协议,并再次提请公司总经理办公会审议通过。用地单位按照双方确定的占用方主管部门进行审批,施工过程由公司森林资源发展部监管。

④森林经营单位在重庆林投公司所属林地范围内占用林地修筑直接为林业生产服务工程设施的,由经营单位提出申请,经分(子)公司预审、公司相关部门核实、公司总经理办公会审查同意后,生产经营单位编制可研报告报地方林业主管部门办理用地审批手续、申请采伐许可,林地使用过程接受地方林业主管部门和公司森林资源发展部监管。

⑤建设项目临时占用林地期满后,生产经营单位应当在一年内恢复被使用林地的林业生产条件。

⑥分(子)公司应加强辖区森林资源的监督管理,出台森林资源管护办法,督促村集体经济组织与重庆林投公司签订管护合同、认真履行森林资源管护责任、积极开展宣传和巡逻检查,禁止盗伐林木、破坏及违法占用林地等行为发生。

⑦发生林地权属争议的,重庆林投分(子)公司应当及时向公司森林资源发展

部报告,由公司相关部门负责协助当地人民政府林业主管部门进行调解或依照法律程序由当事人向有管辖权的人民法院起诉。

3.4.6 森林资源监测管理

在具有代表性的林地内设置固定样地,按照不同林分及其林龄开展林木生长量、林木蓄积量、固碳量等指标的监测,掌握森林资源的动态变化,确保森林资源得到有效利用。

1)监测样地选择

监测样地选择应满足长期监测林分的数量、质量、结构、功能等目标的要求,实现科学评价监测结果,总结经验教训,辅助开展相关科学研究。森林资源监测样地的选择原则是在不同林分中及相邻同等林分条件的地块中,分别选择代表整个林分特征的地块进行监测以及分析。

2)监测样地数量

根据区域和立地条件划分,按不同林分及其林龄设置监测样地。每种类型至少建立 3 个标准地,根据每个标准地面积大小确定具体监测样地数量,监测样地面积为 400 平方米(20 米×20 米),100 亩以下布设 1 个监测样地,100 ~ 200 亩布设 2 个监测样地。

3)监测内容和方法

(1)监测内容

①林分因子变化:主要树种、树种组成、每亩株数、每亩蓄积、平均胸径、平均树高、郁闭度、生长势、生长量、出材率。

②植被变化情况:主要种类、高度、覆盖度。

③碳汇监测:生物量、森林资源碳储量、林木碳储量、森林碳储量、碳密度、碳汇量。

④更新情况:主要树种及组成、每亩株数、平均地径、幼苗、幼树平均高及生长势。

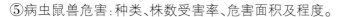

⑤病虫鼠兽危害:种类、株数受害率、危害面积及程度。

（2）监测方法

作业前,对布设的样地及对照区进行相关林分因子调查,监测样地在完成作业后进行一次相关因子调查,每调查1次,获得1套样地数据。将森林资源样地数据与对照样地数据进行定位、定期、定量的对比分析,从而掌握森林资源动态。

（3）监测时间

样地设置后开展一次森林资源本底调查,以后每年秋季树木进入休眠期后监测一次,实施连续监测。

4）监测分析

（1）监测分析方法

森林资源监测成效评价采用对比分析方法。森林资源监测样地以作业后的调查值为基准数据,以后调查数据为复测数据。对照样地以第一次（设置）调查时的数据为基准数据,以后调查数据为复测数据。首先将森林资源监测样地各次复测数据与其基准数据进行对比分析,然后将对照样地各次复测数据与其基准数据进行对比分析,最后将森林资源监测样地的对照分析结果与对比样地的对比分析结果再进行对比分析。

（2）监测报告提交

对每一次监测成果进行分析并形成监测报告。报告主要内容包括森林资源成效监测工作组织与开展情况,样地、森林多种效益调查测定情况,调查结果,包括森林经营成效的对比分析结果,以及结论与建议等,为适时开展森林经营活动与森林资源利用管理提供科学依据。

第 4 章　重庆国家储备林森林经营与管理

　　重庆国家储备林森林经营是指对收储的林地进行科学培育以提高林地生产力和森林质量的生产经营活动的总称。森林经营管理指重庆国家储备林森林经营方案编制、作业设计、项目建设、人工林商品林主伐等管理内容。重庆林投公司根据林地的性质、交通和立地条件,结合重庆各区县实际情况,进行林地的整体规划,然后分年度进行规划设计,组织开展集约人工林栽培、森林抚育、现有林改培以及森林综合利用等经营活动,配套实施水、电、路等基础设施,辐射周边群众,盘活当地林地资源(图 4.1)。

图 4.1　重庆市梁平区国家储备林森林经营

4.1　森林经营类型

重庆国家储备林森林经营类型主要包括集约人工林栽培、森林抚育、现有林改培以及森林综合利用。其中,森林综合利用包括林下经济、生态旅游、森林康养等森林经营活动类型。

不同森林类型采取的森林经营措施存在差异,其划分依据包括自然环境条件、森林培育目标、森林资源现状及社会因子等多个方面。

①自然环境条件:主要包括温度、降水、光照、风、海拔、地形地貌、坡度、坡向、坡位、土壤类型与质地、植被状况等生物因子和人为因子。

②森林培育目标:根据森林培育目标的不同,可划分为生产性经营和生态性经营。

③森林资源现状:主要包括树种、林龄、森林结构、生物多样性、蓄积量和病虫害程度等。

④社会因子:主要包括森林区域内人口数量与密度、木材需求状况和劳动就业状况等一系列的社会和经济因素。

实际营林过程中,应针对林分现状开展合适的森林经营活动,以充分发挥森林的生态效益、经济效益和社会效益。

4.1.1　集约人工林栽培

集约人工林栽培(图4.2)指在同一土地面积上,与常规造林相比投入较多的生产资料和劳动力,进行精细栽培,科学经营,以获取更多收益的森林经营活动。集约人工林栽培主要选择宜林地、无立木林地、低质低效林地,以及可用于商品林采伐更新的巨尾桉、杉木和毛竹等为主要树种的林地,充分考虑造林地的生产力条件,遵循适地适树、科学经营的原则,科学选择造林树种,实行良种壮苗造林,然后根据造林技术要求及造林设计模式,采取集约化经营措施,实施林地清理、整地、造林、抚育、间伐等作业。通过人工植苗造林的方式定向培育工业原料林、珍贵树种和大径级用材林。

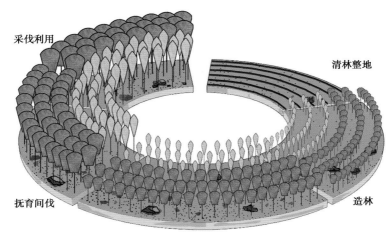

采伐利用

清林整地

抚育间伐

造林

幼林抚育

图 4.2 集约人工林栽培示意图

重庆国家储备林集约人工林栽培主要有 3 个开展方向：用材林、经济林和能源林。

1）用材林

用材林是重庆国家储备林开展最广泛的林种，指以生产木材、竹材为主要目的的森林。衡量用材林质量高低的标志是单位面积上立木蓄积量、出材率、林木质量及经济价值。我国高度重视木材安全问题，力求从根本上增强木材自给能力。1958 年中共中央、国务院《关于在全国大规模造林的指示》提出发展速生丰产林 6 项技术要求，适地适树、良性壮苗、细致整地、适当密度、抚育保护、精心栽植，形成了用材林建设雏形。1970 年起，我国把大力营造速生丰产用材林作为缓解木材供需矛盾的基本途径。党的十八大以来，各省市坚持新发展理念，积极探索，促进用材林事业从速生丰产林向国家储备林、一般树种用材生产向大径级和珍贵树种用材储备高质量发展转型。大力发展用材林，能够快速增加森林资源，缓解我国木材供需矛盾；有利于加强天然林保护，进一步改善生态环境；同时为地区林业发展提供了结构调整、产业支撑和就业增收等战略机遇。

（1）培育目标

用材林培育目标主要为速生、丰产、优质和稳定。速生指缩短培育材种的年限；丰产指提高单位面积上的木材蓄积量和生长量；优质指对干形、材性、珍贵用材等方面的要求；稳定指抵抗病虫害和自然灾害的能力强。

（2）树种选择

营造用材林优先选用木质好、产量高、经济价值大且与当地条件相适应的树种，通过适时适度地抚育间伐，加快林木生长，缩短成林期。

重庆国家储备林营造用材林优先选用经过国家、省级良种审定，木质好、产量高、经济价值大且与当地条件相适应的树种，通过适时适度地抚育间伐，加快林木生长，缩短成林期。常用树种类型包括杉木、水杉、柳杉、鹅掌楸、枫香树、檫木、桦树等中周期用材林树种，楠木、樟、栎类等长周期用材林树种，以及少量桉树、大径竹等短周期用材林树种或竹种。

（3）经营管理

①造林。营造用材林选择土层深厚、质地疏松、地下水位和海拔适中、排水良好的造林土壤。根据用材林实际用途的种植需要，选择相对应的混交林经营技术，构建稳定的森林群落，促进森林资源可持续发展，维护较高的、持久的林地生产力。

②栽培管理。培育大径材用材林宜采用目标树培育的方法：确定目的树种，在目的树种林木中选择目标树，并标记目标树；一个林分中可以有一个或几个目的树种，目标树的数量因林分、树种不同而异，一般每亩不少于30株；根据立地条件和树种类型，确定满足市场要求和适宜加工的目标直径；抚育时，清除妨碍目标树生长的乔木、灌木和草本，保留有利于维持林分生物多样性及已形成森林群落结构的乔木、灌木和草本。

③采伐更新。根据营造林区域内林木整体生长状况和小环境情况，确定采伐的面积和蓄积数量。目标树的生长达到目标直径时，采用小块状皆伐方法，以预防水土流失，保护林区生态环境。

林分的更新，根据天然更新与更新苗木的质量状况，采用人工更新、天然更新或两者结合。择伐后形成的林窗应及时更新，目的树种更新不良或更新苗木不足时，应进行补植。在更新苗木中，也应适当保持非目的树种更新的比例，以便林分形成混交复层的异龄林分。

2）经济林

经济林是以生产果品、食用油料、饮料、调料、工业原料和药材为主要目的的林木。党中央、国务院高度重视经济林培育与发展，《中共中央国务院关于加快林业发展的决定》以及中央林业工作会议都明确提出要突出发展名特优新经济林，特别

要着力发展油茶、胡桃、木榄榄(油橄榄)等木本粮油。原国家林业局也相继出台一系列扶持政策,将木本粮油等特色经济林纳入"十二五"时期林业发展十大主导产业。党的十八大将生态文明建设纳入"五位一体"的总体战略布局,对经济林建设提出更高要求,力求形成布局合理、特色鲜明、功能齐全、效益良好的特色经济林产业发展格局,实现我国特色经济林资源总量稳步增长,产品供给持续增加,质量水平大幅提高,木本粮油产业发展取得突破,经济林产业综合实力明显提升,富民增收效果显著增强等的发展目标。

(1)培育目标

经济林培育目标为高产、优质、稳产、高效。经济林产业作为集生态效益、经济效益、社会效益于一身,融一二三产业为一体的生态富民产业,大力发展经济林有利于挖掘林地资源潜力,提供更为丰富的木本粮油和特色食品;有利于调整农村产业结构,促进农民就业增收和地方经济社会全面发展。同时对改善人居环境,推动绿色增长,维护国家生态和粮油安全,都具有十分重要的意义。

(2)树种选择

营造经济林应选用优质高产、市场需求大、适应性强的优良品种,包括油茶、木榄榄(油橄榄)等木本油料林,以及杜仲、黄柏、厚朴等三木药材。

(3)经营管理

①造林。营造经济林应根据不同经济林树种的生物学特性和当地气候条件确定栽植时间。根据不同树种、利用方式和立地条件状况等确定合理的栽植密度。

②栽培管理。根据不同季节和树木生长发育的要求,及时松土,清除杂草或深挖垦复,扩修树盘。实行科学配方施肥,并做到适时、适量,合理施肥,提倡多施有机肥。按树种生长发育特性,在不同年龄合理定干和整形修枝,培育丰产树形。其中果实类树种根据需要在花期采取喷水、喷生长调节剂等保花保果或疏花疏果等措施,控制合理负载量,提高果实质量。

③收获对象采收和储藏。根据经济林收获对象适宜的成熟度确定采收期和收获方法。采收的收获对象(果实、种子、皮、液、叶、花、枝条等)及时进行处理,按规格、质量进行分级包装并贮运。

3)能源林

能源林指以生产生物质能源为主要培育目的的林木。以利用林木所含油脂为主,将其转化为生物柴油或其他化工替代产品的能源林称为"油料能源林";以利用林木木质为主,将其转化为固体、液体、气体燃料或直接发电的能源林称为"木质能源林"。2005年,《中华人民共和国可再生能源法》提出,"国家鼓励清洁、高效地开发利用生物质燃料,鼓励发展能源作物,将符合国家标准的生物液体燃料纳入其燃料销售体系"。2006年9月,财政部、国家发展和改革委员会、农业部、国家税务总局、原国家林业局联合出台《关于发展生物质能源和生物化工财税扶持政策的实施意见》,为发展生物质能源和生物化工提供具体的财税扶持政策,以推动能源林建设,加快林业生物质能源发展。

（1）培育目标

能源林培育目标为培育高产、优质、高目标收获物。从能源林获取的生物质能源为典型的绿色能源,具有可再生、低污染、总量丰富、分布广泛、应用广泛等特点。大力发展生物质能源对于经济可持续发展,调整和优化能源结构,减少对石化燃料的依赖,减缓温室效应,保障国家能源安全,实现能源可持续供给具有重要的战略意义。

（2）树种选择

营造能源林应选用产量高、易于种植推广、综合经济效益高、经济寿命长的树种,包括油桐、乌桕、无患子和黄连木等。

（3）经营管理

①造林。能源林造林,春季、秋季或雨季均可进行,一般采用植苗造林,根据立地条件、目标等因素,因地制宜地选择合理的造林密度。其中利用果实的油料能源林提倡矮化栽植、修枝整形,实现丰产丰收;木质能源林造林密度应以实现生物量最大化为宜。为提高林地的生产力,提倡林农间作。

栽植前对裸根苗根部进行适当修理,并采用浸水、蘸泥浆或浸蘸生根粉等措施进行处理。栽植时做到栽正、舒根、栽紧、不吊空、不窝根等,栽植后及时浇水覆土。

②栽培管理。能源林造林后,前3年应加强幼树管理。适时进行松土除草(可与扶苗、除蔓等措施结合进行)。松土时做到里浅外深,不伤害苗木根系,深度一般为5~10厘米,土壤保水能力较弱时应深些。

采用穴状整地的可结合松土除草实施逐年扩穴,增加营养面积。对穴外影响幼树生长的高密杂草及时割除,清除的杂草应铺于穴面并盖土。

能源林生长过程中,应适时施肥。根据土壤肥力状况、树种及林木生长需求等

因素确定施肥量和施肥时间。对油料能源林应适时进行定干,采取修枝、整形等树体管理措施;对灌木木质能源林应适时进行平茬复壮。

合理安排和确定能源林采收时间和采收方式,确保采收不影响林木生长,并最大限度地减少对土壤、水文及其他林木资源的干扰,实现可持续经营。

4.1.2 森林抚育

森林抚育(图4.3)指从幼林郁闭成林到林分成熟前根据培育目标所采取的各种营林措施的总称,包括抚育采伐、补植、修枝、浇水、施肥、人工促进天然更新,以及视情况进行的割灌、割藤、除草等辅助经营措施,以提高林分质量。森林抚育主要选择有培育前途、木材增产潜力较大的中幼龄林,包括符合抚育间伐条件的幼龄林、中龄林林分,中龄林以上林分中生长状况未达到龄组平均水平的林分,以及有培育前途的竹林等。重点选择杉木、马尾松及珍贵树种中幼龄林进行森林抚育。

图4.3 重庆国家储备林森林抚育

开展森林抚育能够不断调整优化森林的树种结构、年龄和空间结构,提升林地生产力,提高森林质量,形成健康稳定、优质高效、可持续发展的森林生态系统。

1)抚育目标

改善森林的树种组成、年龄和空间结构,提高林地生产力和林木生长量,促进

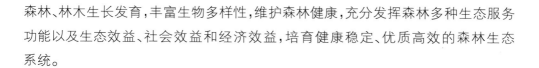

森林、林木生长发育,丰富生物多样性,维护森林健康,充分发挥森林多种生态服务功能以及生态效益、社会效益和经济效益,培育健康稳定、优质高效的森林生态系统。

2)龄组划分及林木分类与分级

开展森林抚育前需对林分进行龄组划分、林木分类与分级。

龄组划分:根据各树种生命周期,区分不同树木所处年龄阶段,同时结合林木生长状况,合理开展森林抚育;

林木分类:将林木划分为目标树、辅助树、干扰树和其他树,采取相应的采伐、保留等抚育措施;

林木分级:单层同龄人工纯林的林分需对树木优劣进行分级,再采取相应的采伐、保留等抚育措施。

（1）龄组划分

依据目的树种划分龄组。对于层次明显的异龄林,可分层次划分目的树种和龄组。龄组划分详见表4.1。

表4.1　不同用途树种龄组划分

分类	树种	龄组划分/年				
		幼龄林	中龄林	近熟林	成熟林	过熟林
一般用材林	柏木	≤30	31～50	51～60	61～80	≥81
	落叶松	≤20	21～30	31～40	41～60	≥61
	马尾松、油松、华山松	≤10	11～20	21～30	31～50	≥51
	刺槐	≤5	6～10	11～15	16～25	≥26
	木荷、枫香树、栲	≤10	11～20	21～30	31～50	≥51
	栎、栲、樟、楠木	≤20	21～40	41～50	51～70	≥71
	杉木、柳杉、水杉	≤10	11～20	21～25	26～35	≥36
短轮伐期工业原料林	桉树	1～2	3～4	5	6～7	≥8
	杉木	1～4	5～8	9～10	11～14	≥15
	桤木	1～2	3～4	5～6	7～10	≥11
	柳杉	1～4	5～8	9～10	11～14	≥15

续表

分类	树种	龄组划分/年				
		幼龄林	中龄林	近熟林	成熟林	过熟林
速生丰产用材林	桉树	≤5	6～10	11～15	16～25	≥26
	杉木	≤10	11～15	16～20	21～30	≥31
	桤木	≤5	6～10	11～15	16～25	≥26
	柳杉	≤10	11～15	16～20	21～30	≥31
	鹅掌楸	≤10	11～15	16～20	21～30	≥31

（2）林木分类

林木分类适用于所有林分，可划分为目标树、辅助树、干扰树和其他树四种类型。目标树和干扰树的确定见图4.4、图4.5。

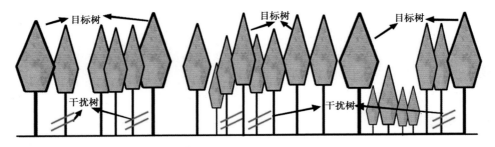

图4.4　同龄纯林目标树和干扰树的确定

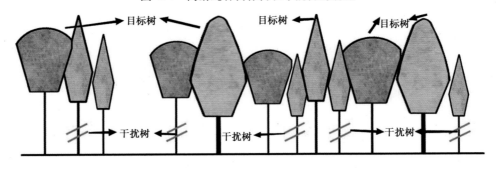

图4.5　异龄混交林目标树和干扰树的确定

①目标树：根据不同的森林状况灵活选择目标树。对于树种价值差异不明显的林分，可选择"生活力强的林木个体"作为目标树；对于人工同龄纯林可按照"与周边其他相邻树木相比具有最强生活力"的原则选择目标树。目标树的选择标准：属于目的树种、生活力强、干材质量好、没有损伤、优先选择实生起源。

②辅助树：即"生态目标树"，指有利于提高森林的生物多样性、保护珍稀濒危物种、改善森林空间结构、保护和改良土壤等的林木。

③干扰树：对目标树生长直接产生不利影响，以及显著影响林分卫生条件、需要采伐的林木。

④其他树：林分中除目标树、辅助树、干扰树以外的林木。

（3）林木分级

林木分级适用于单层同龄人工纯林，林木级别可划分为 5 级。

①Ⅰ级木。又称优势木，林木的直径最大，树高最高，树冠处于林冠上部，占用空间最大，受光最多，几乎不受挤压。

②Ⅱ级木。又称亚优势木，直径、树高仅次于优势木，树冠稍高于林冠层的平均高度，侧方稍受挤压。

③Ⅲ级木。又称中等木，直径、树高均为中等大小，树冠构成林冠层主体，侧方受一定挤压。

④Ⅳ级木。又称被压木，树干纤细，树冠窄小且偏冠，树冠处于林冠层平均高度以下，通常对光、营养的需求不足。

⑤Ⅴ级木。又称濒死木、枯死木，处于林冠层以下，接受不到正常的光照，生长衰弱，接近死亡或已经死亡。

3）抚育对象

符合抚育间伐条件的幼龄林、中龄林林分，以及中龄林以上林分中生长状况未达到龄组平均水平的林分。

4）抚育方式确定

根据森林发育阶段、培育目标和森林生态系统生长发育与演替规律，按照以下原则确定森林抚育方式。

幼龄林阶段，由于林木差异不显著而难于区分个体间的优劣情况，不宜进行林木分类和分级，需要确定目的树种和培育目标；幼龄林阶段的混交林成分和结构复杂，适合进行透光伐抚育，幼龄林阶段的人工同龄纯林（特别是针叶纯林）基本没有种间关系，适合进行疏伐抚育，必要时进行补植。中龄林阶段，个体的优劣关系已经明确，适合进行基于林木分类或分级的生长伐，必要时进行补植，促进形成混

交林;只对遭受自然灾害影响显著的森林进行卫生伐。同一林分需要采用两种及以上抚育方式时,要同时实施,避免分头作业。

5)抚育采伐作业原则

采劣留优、采弱留壮、采密留稀、强度合理、保护幼苗幼树及兼顾林木分布均匀。抚育采伐作业要与具体的抚育采伐措施、林木分类(分级)要求相结合,避免对森林造成过度干扰。

6)抚育采伐顺序

抚育采伐按以下顺序确定保留木、采伐木。

①没有进行林木分类或分级的幼龄林,保留木顺序为目的树种林木、辅助树种林木。

②实行林木分类的,采伐木顺序为干扰树、(必要时)其他树;保留木顺序为目标树、辅助树、其他树。

③实行林木分级的,采伐木顺序为Ⅴ级木、Ⅳ级木、(必要时)Ⅲ级木;保留木顺序为Ⅰ级木、Ⅱ级木、Ⅲ级木。

7)抚育间伐方式

(1)间伐对象

主要针对松、杉、柏等树种,郁闭度>0.70的林分。包括:

①每亩树高30厘米以上幼树超过200株,或30厘米以下的幼苗、幼树超过400株,更新频度超过60%,幼苗、幼树层的植被总覆盖度80%以上,非目的树种、残留的上一世代林木、霸王树以及杂草、灌木、藤蔓及影响目的树种生长的天然幼龄林。

②郁闭度0.80以上,林木分化明显,过度整枝,直径生长明显下降的林分。

(2)间伐方式

①透光伐。伐除上层或侧方遮阴的劣质林木、霸王树、萌芽条、大灌木、蔓藤等,间密留匀、去劣留优。透光伐主要解决幼龄林阶段树种林木上方或侧上方严重遮阴的问题。当上方或侧上方遮阴妨碍目的树种高生长时进行透光伐。透光伐的抚育对象通常满足下述两个条件之一:郁闭后目的树种受压制的林分;上层林木已影响到下层目的树种林木正常生长发育的复层林。

②疏伐。疏伐主要解决同龄林密度过大的问题。合理密度与树种年龄、立地质量、树种组成有关。疏伐的抚育对象通常满足下述两个条件之一：郁闭度0.80以上的中龄林和幼龄林；人工直播等起源的第一个龄级，林分郁闭度0.70以上，林木间对光、空间等开始产生比较激烈的竞争时，可采用定株为主的疏伐。在幼龄林中，同一穴中种植或萌生了多株幼树时，按照合理密度伐除质量差、长势弱的林木，保留质量好、长势强的林木。

③生长伐。生长伐主要针对中龄林阶段林分。通过确定目标树或保留木，采伐干扰树，调整中龄林的密度和树种组成，促进目标树或保留木径向生长，保证目标树或保留木生长势良好。生长伐的抚育对象通常满足下述三个条件之一：立地条件良好、郁闭度0.80以上，进行林木分类或分级后，目标树、辅助树或Ⅰ级木、Ⅱ级木株数分布均匀的林分；复层林上层郁闭度0.70以上，下层目的树种株数较多且分布均匀；林木胸径连年生长量显著下降，枯死木、濒死木数量超过林木总数15%的林分（伐后有林窗的应进行补植）。

④卫生伐。卫生伐主要针对发生检疫性林业有害生物或遭受森林火灾、风倒雪压等自然灾害危害，受害株数占林木总株数的10%以上的林分。通过伐除枯死木、雪压木、风倒木等，伐除已被危害、丧失培育前景、难以恢复或危及目标树或保留木生长的林木，以维护与改善林分的卫生状况。

（3）采伐控制指标

透光伐、疏伐、生长伐、卫生伐的采伐控制指标详见表4.2。

表4.2　各种抚育采伐方式指标控制①

抚育采伐方式	控制指标
透光伐	①林分郁闭度不低于0.60； ②在容易遭受风倒雪压危害的地段，或第一次透光伐时，郁闭度降低不超过0.20； ③更新层或演替层的林木没有被上层林木严重遮阴； ④目的树种和辅助树种的林木株数所占林分总株数的比例不减少； ⑤目的树种平均胸径不低于采伐前平均胸径； ⑥林木分布均匀，不造成林窗、林中空地等

①　数据来源：《森林抚育规程》（GB/T 15781—2015）。

续表

抚育采伐方式	控制指标
疏伐	①林分郁闭度不低于0.60； ②在容易遭受风倒雪压危害的地段，或第一次疏伐时，郁闭度降低不超过0.20； ③目的树种和辅助树种的林木株数所占林分总株数的比例不减少； ④目的树种平均胸径不低于采伐前平均胸径； ⑤林木分布均匀，不造成林窗、林中空地等
生长伐	①林分郁闭度不低于0.60； ②容易遭受风倒雪压危害的地段，或第一次生长伐时，郁闭度降低不超过0.20； ③目标树数量，或Ⅰ级木、Ⅱ级木数量不减少； ④林分平均胸径不低于采伐前平均胸径； ⑤林木分布均匀，不造成林窗、林中空地等。出现林窗或林中空地时应进行补植
卫生伐	①没有受林业检疫性有害生物及林业补充检疫性有害生物危害的林木； ②蛀干类有虫株率在20%（含）以下； ③感病指数在50（含）以下。感病指数按《造林技术规程》（GB/T 15776—2016）的规定执行； ④除非严重受灾，采伐后郁闭度应保持在0.50以上。采伐后郁闭度在0.50以下，或出现林窗的，要进行补植

8）辅助抚育方式

（1）补植

①补植对象：人工林郁闭成林后的第一个龄级，目的树种、辅助树种的幼苗幼树保存率小于85%；郁闭成林后的第二个龄级及以后各龄级，郁闭度小于0.50；卫生伐后，郁闭度小于0.50；含有大于25平方米林中空地。立地条件良好，符合经营目标的目的树种株数较少时，可结合生长伐进行补植。

②补植要求：遵循适地适树原则，充分考虑补植树种的生物学、生态学特性，以及与原生树种种群之间的竞争关系。详见图4.6。

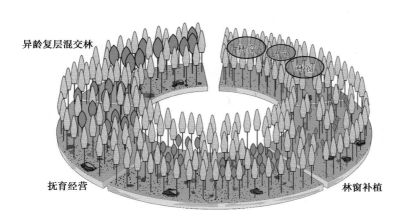

图 4.6　林间空地补植

（2）修枝

修枝主要针对幼龄林进行,其抚育对象包括珍贵树种或培育大径材的目标树,以及高大且其枝条妨碍目标树生长的其他树。

（3）割灌除草

符合以下条件之一的,可进行割灌除草:林分郁闭前,目的树种幼苗幼树生长受杂灌杂草、藤本植物等全面影响或上方、侧方严重遮阴影响的林分;林分郁闭后,目的树种幼树高度低于周边杂灌杂草、藤本植物等,生长发育受到显著影响的林分。

（4）施肥

施肥的抚育对象为短周期工业原料林和珍贵树种用材林幼龄林等,施肥量、施肥方法和时间参照第 5 章营造林施工管理部分进行。

4.1.3　现有林改培

现有林改培指对现有林分,采取更换树种、间伐、补植、冠下造林、割灌、施肥、修枝等综合技术措施,改善林木生长条件,调整林分结构,提高林分质量、生长量和生态功能的森林经营活动。现有林改培主要选择立地条件好、生产潜力没有得到充分发挥,目的树种不明确、结构简单且生长已呈下降趋势,或发生松材线虫病等重大林业有害生物灾害的林分,通过间伐改培、补植改培、更新改培等技术措施,进一步提高林分质量和生长量,构建目的树种明确的混交林或复层异龄林,培育珍贵树种和大径级用材林。

1)改培原则

因林制宜,分类经营;以优化林分结构,提高林分质量和生长量为重点;以中长周期、珍贵树种用材林为主;用材功能和生态功能相结合。

2)改培方式和标准

重庆国家储备林现有林改培可划分为改造培育型和提质培优型两类,划分标准如下。

①改造培育型:选择立地条件较好,由于未适地适树、未及时经营或受病虫鼠害及森林火灾影响,林木生长停滞,或目的树种不明确的,通过采取改培措施,能够达到预期培育目标的林分。

②提质培优型:选择立地条件较好,林木总体生长状况良好,通过采取综合性技术措施改善林分结构和生长条件,林分质量和生长量能进一步提高的林分。

3)改培措施与技术要求

改造培育型的改培措施与技术要求详见表4.3,改培示意图详见图4.7、图4.8。

表4.3   现有林改造培育型技术要求①

改培方式	改培措施	相关要素	技术要求
改造培育型	更换树种	对象	未适地适树的林分;多代萌芽更新且已退化残败的林分;受自然灾害或人为干扰严重,林木生长不良、林相残破的林分;郁闭度<0.30,生长量较正常偏低的中龄以上林分等低质低效林分
		方法	采取带状、块状等方式,伐除生长不良的林木,保留生长良好、母树以及珍贵树种林木,保留株数不低于原密度的50%。伐后清除采伐剩余物,选择适宜的树种和密度造林
		面积控制	改造面积:坡度≤15°的,不超过300亩;坡度为15°~25°的,不超过150亩;坡度为25°~35°的,不超过75亩

① 数据来源:《国家储备林改培技术规程》(LY/T 2787—2017)。

续表

改培方式	改培措施	相关要素	技术要求
改造培育型	间伐改培	对象	密度过大、郁闭度 0.70 以上的林分;部分林木生长衰退,受病虫鼠危害(危害株数比例在 10% 以上)或其他破坏的林分;目标树生长受到抑制的林分;树种结构不合理,需要调整的林分
		方法	通过多次间伐,伐除生长不良、质量低劣、病虫鼠害严重、无培育前途或抑制目标树生长的林木
		强度	按照保留目标树、伐后林分平均胸径不低于伐前林分平均胸径、伐后郁闭度应保留 0.50 ~ 0.70 的要求综合确定
	补植	对象	目的树种符合要求,林内天窗过大的林分(单个天窗超过 25 平方米),或 0.30<郁闭度<0.70、天然更新不良或天然更新没有目的树种的中、近熟林
		方法	采取均匀、块状补植等方法,促进形成以目的树种为主体的林分
	林冠下造林	对象	目的树种符合要求,林分密度合理、林冠下空间充足、树种单一的中、近熟林
		方法	通过抽针保阔、针叶林冠下栽植珍贵阔叶树营造针阔混交林。所选树种需为苗期耐阴树种,如:楠木、檫木、木荷等,确保栽植树种中幼林时期的苗木长势
	割灌	相关要求	参照第 5 章营造林施工管理部分进行
	施肥	对象	短周期或珍贵树种用材林,土壤中缺乏所需营养元素、目的树种生长不良的林分
		方法、施肥量、次数和时间	参照第 5 章营造林施工管理部分进行

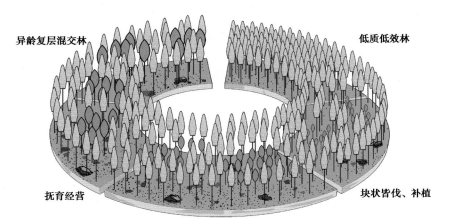

图 4.7 改造培育型——块状皆伐与补植改培示意图

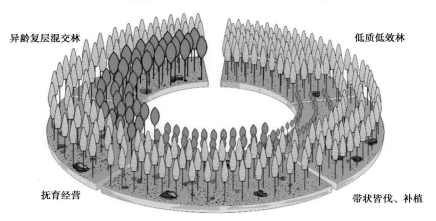

图 4.8 改造培育型——带状皆伐与补植改培示意图

提质培优型的改培措施与技术要求详见表 4.4,改培示意图详见图 4.9 和图 4.10。

表 4.4 现有林提质培优型技术要求①

改培方式	改培措施	相关要素	技术要求
提质 培优型	间伐	对象	郁闭度 0.70 以上的中、近熟林
		方法	进行抚育间伐,按照目标树作业体系,伐除干扰树
		强度	按照保留目标树、伐后林分平均胸径不低于伐前林分平均胸径、伐后郁闭度应保留 0.50 ~ 0.70 的要求综合确定

① 数据来源:《国家储备林改培技术规程》(LY/T 2787—2017)。

续表

改培方式	改培措施	相关要素	技术要求
提质 培优型	补植	对象	存在直径大于25米的林窗的中、近、成熟林
		方法	根据林木分布现状,确定补植方法,通常有均匀补植、块状补植以及零星补植等方法,优先选择珍贵乡土树种,培育混交林
	林冠 下造林	对象	林冠下存在半径大于主林层平均高1/2的林窗、树种单一的中、近、成熟林
		方法	通过抽针保阔、针叶林冠下栽植珍贵阔叶树营造针阔混交林
	修枝	对象	目标树天然整枝不良、枝条影响林内通风和光照的林分
	割灌	对象	目标树生长受灌木、藤蔓、杂草影响的林分
		方法	参照第5章营造林施工管理部分进行
		要求	对不影响目标树生长的林下灌木、藤蔓、杂草不做清理
	施肥	对象	短周期或珍贵树种用材林,采取施肥措施能够进一步提高目标树生长指标的中龄林分
		方法、施肥量、次数和时间	参照第5章营造林施工管理部分进行

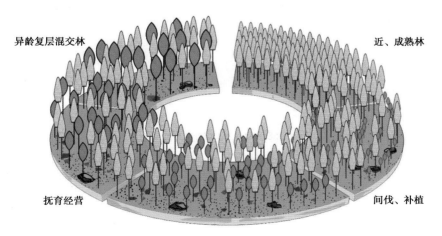

图4.9　提质培优型——间伐与补植改培示意图

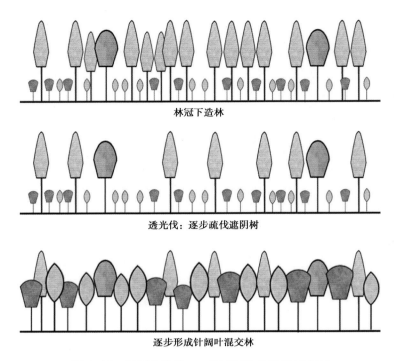

林冠下造林

透光伐：逐步疏伐遮阴树

逐步形成针阔叶混交林

图4.10 提质培优型——林冠下造林改培示意图

4.1.4 综合利用

综合利用指进行森林抚育等营林措施的同时,开展林下经济、生态旅游、森林康养等生产经营活动,以提高林地产能。森林综合利用主要选择交通条件便利、立地质量好、周边群众积极性高的人工商品林。

森林综合利用遵循以下原则:坚持生态优先,确保生态环境得到保护;坚持因地制宜,确保林地综合利用符合实际;坚持互促互进,确保保护与利用优势互补、可持续推进;坚持机制创新,确保政府得生态、企业得效益、农民得实惠,林地综合效益得到持续提高。

1)林下经济

林下经济是一种以林地资源、林下空间和森林生态环境为基础,在林下空间开展种植、养殖、相关产品采集加工和森林景观利用等,以提高林地生产率、劳动生产率、资金利用率等的森林经营方式。主要包括:

①林下种植:利用林下空间和土地资源,开展林菌、林药、林果、林草、林花、林菜等森林经营模式。例如林下种植淫羊藿、甜茶、大黄、黄连、灵芝、天麻等中药材(图4.11和图4.12)。

②林下养殖:利用林下空间发展立体养殖,开展林禽、林畜、林蜂等森林经营模式。

图4.11　林下种植淫羊藿

图4.12　林下种植甜茶(木姜叶柯)

2)生态旅游

以森林生态资源及其外部环境为依托,开展森林游览观光、休闲度假、健身养生、文化教育等旅游活动。

3) 森林康养

利用森林生态资源、景观资源、食药资源和文化资源,与医学、养生有机融合,开展森林生态养生、康复疗养、健康养老等服务活动。

4.2 森林经营方案编制

开展森林经营活动前,应明确森林经营目的,编制森林经营方案。开展森林经营活动时,严格按照森林经营方案实施,同时做好安全生产措施,避免发生人员伤亡和森林火灾。

4.2.1 编制主体

重庆林投分(子)公司完成辖区林地收储工作后,由重庆林投公司协助,对收储完毕的林地分区县及时编制森林经营方案,明确林地管护责任及经营方向。

4.2.2 编制原则

分类经营、分区施策、突出重点;造管并重、抚改结合、提质增效;科学规划、长短结合、统筹推进;多效益统筹、市场化运作、注重民生保障。

4.2.3 编制期限

森林经营方案的规划期原则上为 10 年,每 5 年修订一次。

4.2.4 编制内容

森林经营方案主要包括森林资源现状与经营评价,森林经营方针、经营目标与布局,森林分类与经营类型,森林经营,非木质资源经营,森林健康与保护,森林经营基础设施建设与维护,投资估算与效益分析,森林经营的生态与社会影响评估,方案实施的保障措施等。

4.2.5 备案及审批

森林经营方案编制完成后,编制主体组织征求相关部门及专家意见,对目标、方针、经营策略、建设规模和保障措施等进行论证。编制成果报重庆林投公司审核、区县林业局审批。

4.3 森林经营作业设计

4.3.1 目标任务

结合重庆林投公司年度营造林生产计划,认真执行森林经营方案,按照设计内容落实各森林经营措施;坚持科学绿化、规划引领、因地制宜,走科学、生态、节俭的森林经营策略;以乡土树种和珍贵用材树种为主,大力培育大径级用材林,增强优质木材储备和生产能力;将国家储备林森林经营和生物防火阻隔带、健康森林、美丽森林建设有机结合,为生态旅游、自然生态环境质量提升提供动力。

4.3.2 设计准备

委托具有林业调查规划设计资质的专业队伍开展设计工作。设计单位制订详

尽的工作计划和技术方案,并对参与人员进行技术培训,统一技术标准,明确调查内容、方法和任务,全面收集设计资料。

4.3.3　外业调查

年度作业设计的外业调查在收集和分析现有资料的基础上进行。外业工作所取得的原始资料作为内业计算与设计的基础,是作业设计工作的关键组成部分,须认真组织,明确分工,保证外业资料的全面性和可靠性。

1)小班调查

①小班区划:通过利用地形图对坡调绘、航拍图室内勾绘、现地核对等方式进行小班区划。小班区划不可跨立地、行政界线和明显地物,遵循立地因子一致、权属一致、大小合理的原则,做到位置准确、精度达标。

②标准样地设立(图4.13):森林抚育、现有林改培等作业设计,应根据林地起源、林分状况等,在小班内按其面积的1%～2%设立具有代表性的标准样地,逐个开展小班立地因子调查和每木检尺。标准样地的形状一般为正方形或矩形,有时因地形变化也可为多边形。

图4.13　标准样地设立

③标准样地调查(图4.14):包括每木检尺、林分因子调查与计算以及地形地势、土壤、植被等因子调查。根据调查结果,确定小班的森林经营方式和采伐强度。

图4.14 标准样地调查

2）配套工程

森林经营方案中布设的防火线、防火林带等,需落实到小班或地块。

3）标记

小班范围内不能营造林分的地形、地物,如突出的裸岩、石质地块等,需进行标记,并在小班面积中扣除。

4.3.4 内业设计

1）营造林设计

根据森林经营方案确定的经营类型开展营造林作业设计。按照外业小班调查成果和小班区划图确定的集约人工林栽培、森林抚育、现有林改培等森林经营活动地块,设计各个小班的森林经营措施,编写作业设计一览表,并按相关技术规程编制作业设计文本和图表。

2）配套工程设计

根据外业调查材料,在以自然阻隔为主的基础上,对火源容易侵入和蔓延的地

带,根据林区地形地貌,科学合理地设计防火线或防火林带。防火带宽度原则上应大于成熟林最高树高的 1.5 倍,防火带内种植木荷等耐火树种。

3）用工量概算

以小班为单位,计算营造林和抚育管护用工量、种苗和肥料需求量。

4.3.5　设计成果

设计成果应包括设计区域森林经营方案经营内容;调查方法、依据、原则和完成施工作业设计技术组成情况;地理位置、面积、小班因子情况等;树种选择原则和营造林技术措施等各项指标;附属工程设计;用工量、投资概算;保障措施等。

4.3.6　审查审批

森林经营作业设计在组织审查后,按照审查意见修改完善,经签章后形成正式文本进行备案或审批。

4.4　森林经营项目管理

重庆林投公司在符合国家及市级林业重点项目建设要求的前提下,按照先建后补原则,积极向市和国家申报与国家储备林森林经营相匹配的林业重点工程。通过资金统筹整合,强化制度建设,利用国家开发银行贷款资金,加强国家储备林集约人工林栽培、森林抚育和现有林改培等森林经营项目建设力度,加强工程建设管理,切实提高工程建设质量。

4.4.1　管理制度

营造林项目建设实行业主负责制、招投标制、合同制、监理制、竣工验收制的"五制"管理制度,即工程建设质量、进度等由业主单位负总责;按照相关招投标管理办法,对需招投标的项目进行招投标;施工单位须与业主单位签订合同,明确建设进度、质量要求等相关内容;聘请监理单位代表业主单位对工程建设进度、质量进行监督管理;工程建设完工后进行竣工验收,检查工程建设成效。施工工序管理、工程现场管理、监理单位管理、施工单位管理、工程安全管理等按照重庆林投公司《造林施工管理办法》有关规定执行。

4.4.2　质量及进度管理

项目监理单位、施工单位一旦确定,应及时签订合同,明确工程建设规模、质量、进度以及工程验收及款项支付等内容。业主单位组织设计单位、施工单位、监理单位到施工现场对施工技术要求及质量标准进行"技术交底",同时明确各方现场负责人,建立施工现场管理组织协调机构,根据工作需要召开现场会,把控质量进度和技术难题。施工单位应及时组织施工人员到现场,分班组进行现场培训,明确工序、技术标准、施工要求和安全防范措施等。监理单位和施工单位按照施工合同进度要求,统筹好用工量,确保工程建设进度。

4.4.3　成本控制

在生产经营过程中,严格执行国家或地方有关工程定额规定。国家或地方没有定额规定的,由重庆林投公司在实践中统一研究制订相关标准。严格依照有关规定的定额、标准以及市场询价,开展营造林项目设计,并经审价后确定项目招标文件。

营造林工程设计合同、采购合同、监理合同、施工合同需按照实施方案、作业设计和招投标文件严格控制建设成本,尤其是施工合同须明确工程施工决算款额度在合同额度±10%内,超出部分不予决算。工程建设过程中涉及设计变更的,除考

虑施工质量、进度等因素外，须将建设成本控制纳入重点考虑因素，控制好工程建设成本。

4.4.4　安全生产管理

施工单位须建立安全管理体系，成立以各工区安全员和施工班组领班为首的安全生产小组，负责培训、检查、指导各作业队的安全生产活动，与业主单位签订《林业工程施工安全承诺书》，为施工人员购买商业保险。业主单位根据安全生产工作需要，制订工程施工安全管理和考核办法，加强对施工队伍安全的检查和考核。

4.4.5　资金管理

严格管理资金使用，建立工程验收与资金拨付办法，强化资金与绩效挂勾制度，强化审计监管，确保资金使用安全，提高资金使用效益。

项目的建设与管理要建立层层负责的主管部门领导责任人制度，要严格遵守基本建设程序；严格执行招投标制和监理制，认真做好项目竣工验收工作；工程建设资金应专款专用，独立核算，实行计划管理，不得擅自调整计划，变更建设地点或建设内容，扩大或缩小建设规模，提高或降低建设标准，拖延建设工期等，严禁挪用、截留、挤占建设资金；严格执行国家财务管理制度及有关规定，定期编制财务报表，逐级汇总、上报、审计；试点开支报账单据应建档，市、区（县）财政及审计部门应对资金使用情况进行跟踪检查和审计监督，确保试点建设资金合理使用。

4.4.6　信息管理

实行工程项目月报制度，由施工单位按要求及时报送工程建设进展情况、存在问题、下步打算等内容。相关业务部门及时开展典型案例、成功做法的总结，加强宣传推广。

工程建设现场须设立项目公示牌，对工程名称、建设范围、质量和进度、安全管理、业主单位、设计单位、监理单位、施工单位等进行公示，并接受群众监督。

4.4.7　档案管理

重庆林投公司及其下属分(子)公司承担建设的各类造林项目,按照相关技术规程要求,分门别类建立造林技术和管理档案,并由专人来管理档案,包括电子档案和纸质档案。

在完善收储林地"一张图"基础上,将每个年度实施的森林经营地块全部叠加到收储林地"一张图"上,形成国家储备林建设林地管理"一张图"。收集整理森林经营方案、各类森林经营作业设计文本、建设资料,立卷归档,妥善保存。涉及森林经营建设的相关文件、方案设计、检查验收、技术文本、统计数据、设计施工图、工程前后对照图片及重大活动的音像等资料进行科学分类,以纸质件和电子数据方式同时保存,做到资料完整规范,为档案资料查阅、森林资源动态管理奠定基础。

4.4.8　绩效评价

营造林项目在竣工验收完成后,聘请第三方评价机构对项目建设成效开展绩效评价,评价内容包括项目投入、管理、产出和效果等。

4.5　主伐管理

主伐管理以人工商品林为对象,参照《重庆市林木采伐技术规程(试行)》执行。

4.5.1　主伐类型

主伐类型包括皆伐、择伐、渐伐。

4.5.2　技术标准

主伐的技术标准主要包括适用林分、采伐强度、伐除对象、采伐的开始期和间隔期等。详见表4.5。

表4.5　主伐的主要技术标准

主伐类型	适用林分	采伐强度	伐除对象	开始期	间隔期
皆伐	适用于单层同龄达到成熟林以上标准的用材林、培育目标已实现的短轮伐期用材林、达到培育目标的能源林中的生物质能源林，以及需要更换树种的用材林或能源林	坡度>25°的原则上不进行皆伐。坡度≤15°的一次性皆伐最大连续成片面积不超过300亩。坡度在15°~25°之间的，一次性皆伐最大连续成片面积不超过225亩	伐块内的所有林木。生长态势良好的目的树种或目标树可根据具体情况保留	用材林达到主伐年龄标准即为皆伐开始期。但实施皆伐作业时，应根据林分生长状态确定	皆伐后，从造林开始到下一次皆伐时的年限为间隔期。一般不低于主伐年龄或目标培育所需要的年限
择伐	适用于复层异龄林或培育大径级木材的单层用材林、皆伐后易引起水土流失的用材林、能源林中的薪炭林。除薪炭林外，择伐林木的年龄应在近熟林标准以上	人工用材林择伐株数强度≤40%，蓄积强度≤25%；薪炭林择伐株数强度≤50%，蓄积强度≤30%	影响周围树木生长的霸王树；基本停止生长、达到过熟龄指标的林木，优先伐除V级林木、IV级林木或非目的树种、干扰树等；遭有害生物等自然危害无生长前途的林木；局部生长过密、生长衰退或长势较差的林木	根据林分生长状态确定实施择伐作业的开始期	择伐间隔期不应少于一个龄级期

续表

主伐类型	适用林分	采伐强度	伐除对象	开始期	间隔期
渐伐	适用于成、过熟林中,天然更新能力强且伐后人工更新困难的用材林,以及皆伐后易发生水土流失的成、过熟林	上层林分郁闭度较小,林内幼苗、幼树株数已达天然更新中等标准低限值以上,分两次渐伐,第一次采伐林木蓄积量的50%。当上层林木郁闭度较大,林内幼苗、幼树株数达不到更新中等标准时,分三次渐伐,第一次采伐林木蓄积量的30%,第二次采伐保留林木蓄积量的50%。林内幼树达到更新标准,并开始郁闭时,最后将留下的成、过熟林木全部伐光。渐伐作业的全部采伐更新过程一般不超过2个龄级期。幼苗幼树株数更新标准参照《重庆市林木采伐技术规程(试行)》执行	影响天然更新的上层林木、V级木、IV级木,或非目标树;生长过密、天然下种能力弱的林木;生长衰退的林木;材质质量差、出材率低的林木;受害木	根据林分生长状态确定实施渐伐作业的开始期	渐伐间隔期为1~2个龄级期。重庆市主要树种龄级期参照《重庆市林木采伐技术规程(试行)》执行

4.5.3　伐区调查设计

1)伐区调查

①伐区范围设定:根据年度采伐限额或年度采伐目标、林分状况确定伐区,在最新使用的森林资源管理"一张图"上标出。内容包括伐区边界拟定、伐区边界坐

标获取、伐区边界标识、缓冲带设置等。

②伐区现状调查：伐区边界明确后，对采伐作业条件进行调查，并以小班为单位通过设置标准样地的方法开展小班蓄积量、采伐强度调查。标准样地的形状、面积、数量等参照《重庆市林木采伐技术规程（试行）》执行。

2）伐区设计

伐区设计内容包括采伐方式、采伐强度、采伐工艺或流程、集材或疫木处置、伐区清理、采伐工具、采伐作业安全、生物多样性保护、采伐经费等。

3）设计成果

伐区调查设计成果主要包括伐区调查设计说明书、设计表和设计图。其中伐区调查设计说明书主要包括伐区概况、林木资源情况、伐区设计要点、对采伐作业单位的管理措施要求和建议等；伐区调查设计表包括调查卡片、现状表、设计表等；伐区设计图应反映伐区位置、四至界线、林种、优势树种、小班号、采伐面积、采伐蓄积、交通、集材等情况。

第5章　重庆国家储备林营造林工程管理

重庆国家储备林营造林工程管理主要对重庆林投公司营造林的各个环节、各实施主体进行管理,主要包括服务单位、营造林施工、检查验收等采取一系列管理措施,推进营造林工程"质量标准化、进度数字化、安全规范化"的三化管理,切实做好安全生产工作,确保营造林工程质量和进度。

5.1　服务单位管理

营造林工程实施过程中需对参与的服务单位进行管理,主要包括施工单位、监理单位、作业设计单位、检查验收单位等。

5.1.1　施工单位管理

1)施工单位选定

①施工单位应依法登记,证件齐全,具有独立法人资格。施工单位营业执照上的经营范围必须包含人工造林、现有林改培、森林抚育、营林管护、林业病虫害防

治、园林绿化、苗木种植等一项或几项涉林类项目。施工单位现场负责人应取得林业或园林中级及以上技术职称,指导和管理现场施工并签署施工过程文件。施工单位应配备在职安全员,严格落实各项安全生产规章制度。

②根据《重庆市林业投资开发有限责任公司招投标管理办法(试行)》《重庆市林业投资开发有限责任公司工程建设项目承包商比选办法(试行)》,分别采用限额以上公开招投标、限额以下于项目所在地的区县分(子)公司施工单位库内比选的办法确定施工单位。

③施工单位入库流程:各分(子)公司建立施工单位库,并于重庆林投公司官网发布建库公告,申请入库单位须按公告要求提交资信证明、施工方案、类似施工业绩的佐证材料(施工合同、验收报告),重庆林投公司生产部指导分(子)公司就入库文件挂网,由重庆林投公司生产部会同分(子)公司就入库施工企业开展综合评分,确定拟入库单位,于重庆林投公司官网公示无异议后确定为入库单位。入库单位实行动态管理,根据入库单位服务情况,对入库单位进行年度考核,合格的保留在库,不合格的及入库后有违法违规等不良行为的,则从服务库中除名。施工单位库每年更新一次。

④项目作业设计、工程预算编制完成后,由重庆林投公司生产部组织分(子)公司领导班子及其生产部负责人,从上一年度考核合格施工单位中按考核分数由高到低的方式选取项目标段数量120%的初选单位,初步筛选完成后形成会议纪要交予分(子)公司。分(子)公司领导班子及其生产部组成施工单位询价领导小组(3~5人)确定施工单位遴选方式,并最终负责组织施工单位的遴选工作。

⑤施工单位中标金额低于该标段最高限价85%的,需缴纳差额保证金,差额保证金=2×(最高限价×85%-中标金额)。中标施工单位签订施工合同时,向重庆林投公司缴纳合同金额一定比例的履约保证金,缴费比例按照上一年度施工单位考核分数排名确定。考核分数排名前30%(含30%)的,比例为3%;考核分数排名前30%~70%(含70%)的,比例为5%;考核分数排名为70%以后的,比例为10%,新入库单位按10%缴纳。合同履行完毕后,在支付合同款项时无息退还。如施工单位未按照合同约定的条款履行,或合同期满时施工质量无法满足验收标准的,履约保证金不予退还。施工整改超出约定整改期限的,可无条件解除合同,余下工程另择施工单位完成,已完成工程量据实结算。

2）施工单位进场程序

①施工单位进场前,必须按作业设计要求,向重庆林投公司生产部、分(子)公司及监理单位同时报送施工组织设计,内容包括工程概况、施工机械、人员配置、施工进度计划、施工质量管理措施、施工安全管理措施、资源供应计划、施工准备工作计划、技术组织措施计划、项目风险管理、信息管理等。

②施工前施工单位参加分(子)公司组织的项目技术交底会。施工单位在开工前7天内熟悉施工所有地块,踏查施工范围内有没有大面积无法实施的地块,如陡崖、深沟、村民不让实施的、村界乡镇界有争议的、大片竹林等地块。若发现有以上情况,施工前7天内反馈给重庆林投公司生产部区县项目负责人,以便及时调整实施地块。

③施工单位必须聘请安全员(持证上岗)对合同约定的工程进行安全监管,自行制订安全施工管理办法并采购保障安全生产的必要劳保用品,涉及营林机械操作的特殊工种需聘请有资质的专业人员进行施工。

④施工单位必须在进场前依法为现场施工人员办理工伤保险,否则不得开工。若施工单位强行开工,由此引发的安全事故由施工单位全权负责,监理单位负连带责任。

⑤施工单位须自行主动与村社联系,协调好项目所在地村集体经济组织及当地村民的关系,避免产生纠纷影响工期。

3）施工质量和进度管理

①施工合同签订后,施工单位应及时向监理单位提出开工申请,并按开工令要求组织人员进场施工。

②施工单位要严格按照作业设计的要求及合同的约定进行施工,确保质量达到设计要求,并按合同约定的工期竣工。

③施工单位须接受分(子)公司、监理单位的日常管理和监督,对监理单位提出的整改意见,须及时整改或处理。

④施工单位需在施工合同约定的各项工序完工后开展自查验收工作,向监理单位报送自查验收报告,同一阶段的多项工序可合并报送。项目竣工后,施工单位需向监理单位提交自查验收报告和竣工验收申请表,组织专人陪同监理进行竣工

验收工作。若监理单位与分(子)公司的项目验收面积低于施工单位自查验收面积的90%但高于80%的,由重庆林投公司生产部负责人对施工单位负责人进行约谈,并要求立即整改;若项目验收面积低于施工单位自查验收面积的80%的,重庆林投公司生产部组织复核确认后,要求立即整改,并将该施工单位列入施工单位黑名单。

4)施工物料管理

①物料(包含但不仅限于苗木、肥料)运输到场后,施工单位应及时与监理单位共同进行物料验收,验收通过后及时根据作业设计进行合理使用。

②施工单位应妥善保管物料,设置仓库对物料进行定点储存,安排专人驻守,对苗木、肥料等物料应设置出入库台账,确保物料妥善保存。

③施工过程中,应按照作业设计栽植苗木、使用肥料,如因施工单位管理不到位造成物料遗失的,按照施工单位评分办法进行扣分,并由施工单位自费购买符合设计规格及质量要求的同类物料进行补充。

④如施工单位因未按照作业设计设置栽植密度或者投放物料,造成物料未使用完毕的,施工单位应及时汇报监理单位并进行整改,若瞒报并丢弃、转售物料的,经查实后,将该施工单位列入黑名单。

5)安全管理

①施工单位采伐施工作业期间需设置固定的采伐小组(油锯手+辅助人员),分工段、小组进行采伐施工,相邻采伐施工班组作业距离不低于50米。

②施工单位应防止松材线虫病疫木流失,杜绝疫情扩散。伐后疫木,当日未运下山的,需安排专人24小时值守。

③施工单位采伐的木材按照要求规则堆放至集材道或林中,木材运输车辆及驾驶员证件必须齐全。

④施工单位严格管理施工现场野外用火事宜,认真执行区县人民政府对森林防火的相关规定,不得无用火许可证就焚烧或在林区内违规用火。

⑤施工单位须做好安全施工、文明施工,在施工过程中,杜绝可能造成森林火灾的行为,以及林木盗采、苗木毁坏等违法行为。

6）廉洁施工管理

①施工单位禁止以盈利或通过项目验收为目的,向监理单位、重庆林投公司及分(子)公司工作人员提供包括但不限于免费住宿、车辆使用等服务或举办高规格宴请等。

②施工单位禁止向监理单位、检查验收单位、重庆林投公司及分(子)公司工作人员赠送礼品、礼金,禁止利益输送行为。

7）施工单位考核

①在项目施工过程中,重庆林投公司及其分(子)公司和监理单位按月度及年度从组织能力、施工进度、施工质量、施工安全、廉洁施工等方面对施工单位进行考核评分。考核过程中,重庆林投公司及其分(子)公司和监理单位需收集和保存考核评分的相关文字、图像及视频等证据。

②考核对照《施工单位考核评分表》(本书略),采用总分 100 分逐项扣分的评分制度,单项扣分次数不限,底数不限。

③月度考核制度:每月 20 日,由重庆林投公司生产部组织,分(子)公司生产部、监理单位参加,对施工单位进行考核,未施工月份不进行考核。每年 11 月 30 日汇总该年度每月考核评分,取平均值进行排名、通报。

④考核结果的发布:重庆林投公司生产部派驻区县负责人对考核结果进行汇总后,于每月 20 日报送重庆林投公司生产部,在每月公司领导组织的生产工作例会上汇报情况,每月末以电子邮件等形式反馈给分(子)公司、监理单位及各施工单位。

⑤月度考核评分低于 60 分(含 60 分)的,由分(子)公司、监理单位召开通报会,并报送重庆林投公司生产部,由重庆林投公司生产部与监理单位联合对被考核施工单位进行约谈,约谈后的下月度评分未达到 60 分的,则列入黑名单。

⑥分(子)公司、监理单位有权对施工单位提出书面警告,并报送重庆林投公司生产部作出通报批评、停工整顿等处罚,直至终止合同。

⑦年度考核结果将作为对施工单位评级的重要依据,据此划分优秀、良好、合格、不合格四个等级。优秀、良好及合格的施工单位将按照年度考核分数排名,以分数高低为顺序被邀请参与项目所在分(子)公司下一年度施工邀标或比选。不

合格施工单位三年内不能参与重庆林投公司(含关联方)发包的工程建设项目,同时其关联方三年内不能参与重庆林投公司(含关联方)发包的工程建设项目的招投标、邀标、邀请比选、竞争性比选等。

8)施工单位黑名单管理

①施工单位黑名单是指承担重庆林投公司、分(子)公司林业工程项目建设时,存在不服从重庆林投公司、分(子)公司或监理单位安全管理,安全事故频发,要求整改后项目质量仍不合格,考核评分不符合制度要求,有行贿行为或瞒报施工面积等情形的施工企业名单。

②因工程建设质量不合格,多次整改后仍不合格而纳入黑名单的施工企业,三年内不得承接重庆林投公司(含关联方)的所有项目建设活动。

③因不服从安全管理制度,导致重大安全事故或因安全事故造成舆情及重庆林投公司损失而纳入黑名单的施工企业,三年内不得承接重庆林投公司(含关联方)的所有项目建设活动,施工企业关联方一年内不得承接重庆林投公司(含关联方)的所有项目建设活动。

④因行贿、瞒报施工面积造成重庆林投公司损失而纳入黑名单的施工企业,永久不得承担重庆林投公司及其关联方的所有项目建设活动,施工企业关联方三年内不得承接重庆林投公司及其关联方的所有项目建设活动。

5.1.2 监理单位管理

1)监理单位选定

①监理单位必须具有独立法人资质,证件齐全。监理单位营业执照经营范围须包含营造林工程监理,并取得相应的资质。监理单位总监理工程师应具有林业专业学历和相关工作经验,并取得林业中级及以上技术职称和营造林工程监理员资格证书,项目实施过程中总监理工程师不得随意更换。现场监理人员必须具备林业专业知识,取得营造林工程监理员资格证书,能够指导和管理现场林业施工。

②根据《重庆市林业投资开发有限责任公司招投标管理办法(试行)》《重庆市林业投资开发有限责任公司工程建设项目承包商比选办法(试行)》,分别采用限

额以上公开招投标、限额以下于重庆林投公司监理单位库内比选的办法确定监理单位。

③监理单位库组建及管理参考施工单位入库流程。

2）监理单位工作要求

①监理人员配备应符合精简高效和相对稳定的原则，根据监理合同的服务内容、服务期限、工程类别、规模、施工难度、现场条件等因素确定。分项目分标段安排专业人员开展监理工作，新造林 3 000～4 000 亩/人，现有林改培 5 000～6 000 亩/人，森林抚育 7 000～8 000 亩/人。如项目建设区域分布较为零散，导致以上人员配比无法达到项目监理需求，则应适当增加监理人员数量。

②工程开工前应编制监理方案。监理方案通过重庆林投公司审核且下达批复后，监理单位方可进场开展监理工作。监理方案的编制应针对林业工程建设项目的实际情况，明确项目监理总监、工作目标、工作制度、流程、方法、措施及时间安排，包括监理机构组织、进度控制、质量控制、安全控制等主要内容。监理工作难度大，确需调整取费标准的，监理公司书面提出，重庆林投公司生产部现场核实后报公司总经理办公会议定。

③施工启动前由监理单位主持召开施工技术交底会。组织施工单位在开工前 7 天内熟悉所有施工地块，踏查施工范围内有没有大面积无法实施的地块，如陡崖、深沟、村民不让实施的情况、村界乡镇界的边界、林权存在争议的林地等。若发现有以上情况，施工前 7 天内反馈给重庆林投公司区域负责人，以便及时调整实施地块。及时督促施工单位进场施工，按照合同约定及工作职责督促施工单位按工序、按时间进度要求施工。

④施工过程中，涉及地块调整、树种及苗木规格调整、工程量增减等重大设计变更，由施工单位提出申请，监理单位现场审核提出意见，重庆林投公司现场确认后启动设计变更流程，后交由设计单位出具设计变更文件。重庆林投公司将返回后的设计变更文件交由监理单位，施工单位依据变更后的作业设计开展施工。

⑤监理单位需在项目启动前为现场监理人员依法办理工伤保险，监理人员工作安全由监理单位负责。

3）工程质量监理

（1）质量监理方式

在施工过程中，监理人员采取旁站、检查工序验收等结合的方式，监督施工质量达到各项工作要求，严格按监理工作职责全面巡查。

依据作业设计文本，制订工序控制内容。营造林施工工序控制的主要内容有：

①新造林。

清理造林地→修整造林地→设置种植穴→施保水剂、种植穴消毒→种植穴施放基肥→苗木到场验收、消毒、栽植前预处理→苗木栽植及补植→当年抚育除草、追肥（若施放基肥则无须于当年抚育过程中追肥）→第 2 年抚育除草、追肥→第 3 年抚育除草、追肥。经过一个生长周期后成活率达 90% 以上，补苗量不超过 10%，超出部分由施工单位自行购买同品种同规格苗木进行补植，并重新计算管护时间。

②现有林改培。

清除林地内杂灌杂草→择伐、带状采伐→采伐迹地清理、伐桩处理→设置种植穴→施保水剂、种植穴消毒→种植穴施放基肥→苗木到场验收、消毒、栽植前预处理→苗木栽植及补植→当年管护除草、追肥（若施放基肥则无须于当年抚育过程中追肥）→第 2 年管护除草、追肥→第 3 年管护除草、追肥。经营类林地郁闭度控制在 0.50 左右，生态类林地郁闭度控制在 0.70 左右，经过一个生长周期后成活率达 90% 以上。

③森林抚育。

清除林地内杂灌杂草，开展疏伐、卫生伐、透光伐、生长伐等抚育采伐工作，抚育后的林地郁闭度达到作业设计要求且符合相关规定。

（2）现场质量控制

①在施工过程中，监理单位应安排监理人员对施工过程进行检查巡视，严格要求施工单位按工序顺序施工，各项工序完工后经监理单位和分（子）公司检查验收通过方可进入下一道工序。对重要工序和关键部位，如整地打窝、物料验收、苗木栽植，应安排监理人员进行旁站监督。当发现施工操作不规范、苗木质量不合格等问题，应及时指令施工单位采取措施进行整改，必要时责令施工单位停工整改，整改完毕经书面同意后方能复工。

②阶段性工序施工完毕，施工单位提交自查验收报告，由监理人员、分（子）公

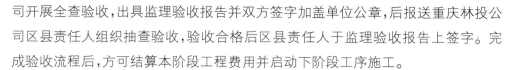

司开展全查验收,出具监理验收报告并双方签字加盖单位公章,后报送重庆林投公司区县责任人组织抽查验收,验收合格后区县责任人于监理验收报告上签字。完成验收流程后,方可结算本阶段工程费用并启动下阶段工序施工。

③监理单位应要求施工单位严格按照合同图纸施工,未按图施工的,应立即要求施工单位整改。第一次工序验收时仍未改正的视为违约,监理单位未发现问题应与施工单位一并接受处罚。如经监理单位下发整改通知书,施工单位整改合格,则该监理单位在下一年度中可获得被整改面积×10倍的同项目监理工程合同作为激励机制。

④监理人员应做好施工监理日报工作,逐日记录工程施工中的有关工程质量的问题、工程进度动态,按要求认真填写监理日志。

4)安全管理

①监理单位应在下达开工令前检查施工单位的安全员配备情况及意外保险购买情况,未满足开工条件的,不得下达开工令。

②监理单位应在施工过程中定期(一个月)组织施工单位召开安全生产例会(附会议记录),检查施工单位的保险是否脱保,劳保用品是否配备到位,对安全措施不达标的施工单位,书面下达整改通知并通报重庆林投公司。

5)物料管理

①监理人员应按照项目施工合同要求,根据项目的施工进度,控制物料(包含但不仅限于苗木、肥料)调运及使用情况。物料运输到场后,监理单位应及时组织施工单位根据物料验收标准进行物料验收,验收通过后填写物料验收单,及时根据作业设计进行合理使用。

②监理单位应监督施工单位设置物料仓库或固定区域对物料进行定点储存,每周巡查物料消耗和保存情况并核对。物料未使用的及时调配或回收至分(子)公司。监督施工单位对苗木、肥料等物料设置出入库台账,确保物料妥善保存。

③施工过程中,应监督施工单位按照作业设计栽植苗木、使用肥料,如因施工单位管理不到位造成物料遗失的,监理单位应监督施工单位购买符合设计规格及质量要求的同类物料进行补充。

④如施工单位因未按照作业设计设置栽植密度或者物料投放量,造成物料未

使用完毕的,监理单位应及时监督整改,若监理单位协同施工单位瞒报并丢弃、转售物料的,经查实后,列入公司监理单位黑名单。

6)监理工作内容

（1）监理工作要求

①施工前监理单位应明确重庆林投公司施工管理总体要求和相关规定,包括《营林生产技术规程》《造林施工管理办法》《施工单位管理办法》《监理单位管理办法》;熟悉作业设计,参加由重庆林投公司主持的施工方案交底会议,明确施工项目基本情况,重点包括清林要求、整地要求、栽植要求、苗木要求、管护时间及要求、进度要求和验收要求;熟悉并掌握 ArcGIS、"林信通"软件、国家储备林数字化生产管理系统"营林通"软件的使用。

②开工前审核施工单位施工组织方案,重点审查其施工人员组成、施工进度计划等内容;检查施工单位安全生产管理人员的配备、就位情况。对已具备开工条件的工程项目签发开工令。

③审查施工单位报送的设施设备质量证明文件的有效性和安全性。

④在巡视、旁站的监理过程中,发现工程质量问题、施工安全存在事故隐患的,要求施工单位整改的,下发整改通知书并报送重庆林投公司,需停工整改的,经重庆林投公司同意,签发施工停工令。

⑤在项目施工期间,每天按照要求使用"营林通"软件进行打卡,记录监理轨迹并规范填写监理日志。

⑥协调处理项目参建方各方问题,每月召开不少于两次监理例会,并形成书面会议记录和会议照片,并留档保存。

⑦根据施工进度计划,监督施工单位按照计划的施工时间完成对应工序,对已完成工序进行过程验收并出具工序验收报告。

⑧审查施工单位提交的竣工验收申请,参加工程竣工验收,签署竣工验收意见;项目竣工前编制、整理工程监理报告并报送重庆林投公司归档。

⑨以上资料审查、抽检、工序验收、竣工验收流程的文件、资料均须于"营林通"软件上同步填报,对应的以照片形式上传填报。

⑩重庆林投公司根据项目管理需要和监理合同约定,要求监理人员实施的其他监理工作。

（2）提交监理报告

监理单位应提交报告种类包括但不限于监理实施方案、监理月报、工序验收报告、工程年度验收报告、工程竣工监理报告等。

7）廉洁从业规定

①在项目监理过程中,监理单位不得超过正常范围于施工单位工作餐供应点就餐,不得接受施工单位的高规格宴请。

②监理单位需自行保障所有监理人员的用车需求,监理人员不得在上下班期间搭乘施工单位车辆,禁止使用施工单位提供的车辆。

③监理单位不得享受施工单位提供的住宿服务(入住施工单位宿舍或施工单位提供的住房)。

④监理单位不得收受施工单位提供的礼品、礼金,不得与施工单位、重庆林投公司及分(子)公司存在利益输送关系。

8）监理单位考核

①考核内容从监理人员从业规范、监理人员设备配置、监理现场管理、监理档案及其他方面对监理单位进行考核评分。考核过程中,需保留考核评分的相关文字、图像及视频证据。

②考核对照《监理单位考核评分表》(本书略),采用总分100分逐项扣分的评分制度,单项扣分次数不限,底数不限。

③考核周期以月为考核单位,项目未监理月份不进行考核。每年12月15日汇总该年度每月考核评分,取平均值进行排名、通报。

④考核结果由生产部区县负责人和分(子)公司评分汇总本月监理单位工作情况,报送重庆林投公司生产部批准后,在当季评审完成后30日内以通知函等形式发送至各单位。

⑤月度考核评分低于60分(含60分)的,由重庆林投公司召开通报会,重庆林投公司生产部约谈被考核监理单位;约谈后下月度评分未达到60分的,则列入监理黑名单,三年内不能参与重庆林投公司及其关联方的工程监理项目。

⑥重庆林投公司就监理单位工序全查验收后的项目进行抽查,抽查面积不低于工序验收面积的10%。若抽查时发现项目验收面积低于监理单位工序全查验

收面积的 90% 但高于 80% 的,由生产部负责人对监理单位负责人进行约谈,并要求立即整改;若项目验收面积低于监理单位工序全查验收面积 80% 的,生产部组织复核确认后,要求立即整改,并将该监理单位列入公司监理单位黑名单。

⑦年度考核结果以月度考核评分和项目抽查情况为依据,划分监理单位评级,高于 60 分为合格,反之不合格。将对合格的监理单位按照年度考核分数排名,以分数高低为顺序邀请其参与项目邀标或比选。不合格单位三年内不能参与重庆林投公司及其关联方的工程监理项目,同时三年内不接受监理单位的关联方参与重庆林投公司工程监理项目的招投标、邀标、邀请比选、竞争性比选等。

9)监理单位黑名单管理

①监理单位黑名单是指承担重庆林投公司林业工程项目监理,存在不服从重庆林投公司安全管理、所监理标段安全事故频发、所监理项目整改多次质量仍不合格、考核评分不符合制度要求、与施工单位存在利益往来、有行贿行为、瞒报施工面积等情形的监理企业名单。

②因所监理工程建设质量不合格,多次整改后仍不合格而纳入黑名单的监理企业,三年内不得承接重庆林投公司及其关联方的项目监理活动。

③因不服从安全管理制度,未监督施工单位履行安全管理措施,导致重大安全事故或因安全事故造成舆情及重庆林投公司损失而纳入黑名单的监理企业,三年内不得承接重庆林投公司及其关联方的所有项目监理活动,监理企业关联方一年内不得承接重庆林投公司及其关联方的所有项目监理活动。

④因与施工单位、重庆林投公司及分(子)公司存在利益输送、行贿、瞒报施工面积造成重庆林投公司损失而纳入黑名单的监理企业,永久不得承担重庆林投公司及其关联方的所有项目监理活动,监理企业关联方三年内不得承接重庆林投公司及关联方的所有项目监理活动。

5.1.3 其他单位管理

1)作业设计单位管理

①设计单位必须具有独立法人资质,证件齐全。应持有林业调查规划设计丙

级及以上资质证书。

②设计单位全面负责有关作业设计服务和协调工作。严格按照国家颁发的现行规程、规范、技术标准和重庆林投公司确认的方案开展作业设计工作,对作业设计成果质量承担相应的经济和法律责任。

③工程开工前,设计单位对提供的作业设计文件和图纸,应向施工单位进行具体的技术交底,以使施工单位能正确理解并贯彻设计意图。积极接收施工反馈信息,检查现场地质、施工成果是否符合设计要求。

④工程施工过程中,设计单位应派专人跟踪掌握工程进展状况,在需要时及时到达现场实地踏勘,进行设计技术交底,解决施工过程中的有关设计问题,并负责相关问题的设计修改与补充,依据现场实际状况,优化设计方案,提出设计通知、设计变更。

⑤设计单位应对参建各方发现并提出的设计问题及时进行检查和处理。设计单位应严格掌握设计变更的项目,帮助业主做好投资、节省工期。

2)检查验收单位管理

①检查验收单位必须具有独立法人资质,证件齐全。应持有林业调查规划设计丙级及以上资质证书。

②同一工程项目检查验收单位与设计单位不能是同一家单位,与施工单位、监理单位不能存在直接或间接关联关系。

③验收单位要严格按照检查验收办法、技术规程和标准开展验收,逐个对小班地块进行全查,验收率100%。验收结束后,形成书面验收报告并附验收图、验收小班表。检查验收图、表须经验收人签字,作为项目结算的基本依据。

④在项目检查验收过程中,不得使用施工单位提供的车辆,不得接受施工单位餐饮及住宿接待,不得收受施工单位提供的礼品、礼金,不得与施工单位、重庆林投公司及分(子)公司存在利益输送关系。

5.2　营造林施工管理

5.2.1　造林施工技术管理

1）清林

根据林地上附着物的高矮、稀密情况,造林地块坡度、水土保持的要求,以及树种配置方式选择合理的清林方式(图5.1)。优先采用块状或带状清林,慎用全面清林、炼山造林。为防止水土流失,清林原则上沿等高线进行,重点清除侵害性藤本和草本、原有病源枯木,对拟营造树种和目的树种产生较大影响的乔灌木进行适度修枝、折灌或短截,尽可能保留具有培养价值和特殊水土保持功能的原生植物。

图5.1　清林

2）整地

根据自然条件、立地条件、造林树种(品种)以及森林培育方向、林木采伐机械

化程度等,确定适宜的整地时间、整地方式和整地规格。

（1）整地时间

整地时间依据造林时间确定,一般情况下在造林前 3 ~ 6 个月开展整地,春季造林在前一年秋冬季整地,秋季造林在当年春季整地。森林抚育补植整地可结合抚育采伐同步进行。

（2）整地方式

整地方式与清林方式原则上一一对应,即全面清林对应全面整地,块状清林对应块状整地,带状清林对应带状整地。实际操作中,为防止水土流失,原则上不对造林地块进行全面整地和翻垦,清林后直接挖掘种植穴。

（3）种植穴配置

为满足林地通风、树木生长及光合作用等需求,提高林地空间有效利用率,种植穴一般采用"品"字形方式配置。

（4）种植穴规格

根据土壤性质和水土保持的要求采用穴状种植穴（图 5.2）。土穴的规格根据造林树种、苗木大小、土球大小和立地条件等因素综合设计,以能轻松容纳苗木土球,不造成苗木窝根为原则,并根据树种根系类型确定穴深。设计过程中可适当加大土穴设计规格,以有效改变土壤物理性状,增加土壤通透性,促进苗木生长。

图 5.2　挖掘种植穴

在较陡的梁峁坡面和沟坡采用鱼鳞坑整地,沿等高线自上而下挖半月形坑,呈品字形排列,以拦截地表径流,蓄水保墒。鱼鳞坑直径 60 ~ 80 厘米,坑深 60 厘米,土埂高 20 ~ 25 厘米,埂宽 20 厘米。

3）栽植

（1）裸根苗栽植方法

①栽植时间。

丘陵地区落叶树种可于深秋落叶后或早春栽植，常绿树种宜于春季雨水前栽植；中山地区以春季栽植为宜。

②苗木处理。

适当修剪受伤的根系、发育不正常的偏根，短截过长的主根和侧根。栽植前须进行浆根（图 5.3），泥浆使用水、黏土、生根粉按比例配兑，不能过稀，苗木根部要包裹上泥浆，以不滑落为宜。病虫害危害严重的地段造林，可采用化学药剂蘸根，或采用药剂、抗蒸腾剂进行喷洒处理。暂不造林的苗木宜采用假植、冷藏等措施以保持根系湿润。

图 5.3　裸根苗栽植前浆根

③基肥。

基肥宜采用充分腐熟的有机肥，在栽植前结合整地施于穴底。

④栽植技术。

按照"三埋两踩一提苗"方法进行栽植。首先将苗木放入穴位中央位置，回表土至苗木地径位置，轻柔提拉苗木向上 2～3 厘米以使根系舒展，用脚轻踩一次。再回底土至平地面，用脚踩实。然后回薄土整形为反坡面鱼鳞坑状，即坡下部回土高于苗木地径部，坡上部低于苗木地径部，并呈反坡面凹陷形。栽植后培土高度应高于苗木出圃土痕3~5厘米。

土壤只能用脚踩实,不能使用锄头夯实,防止伤根伤苗。严格掌握先表土、后底土,苗正、根舒、捶紧等技术措施,栽植后立即浇透定根水,保持土壤湿润,以保证成活率。

如天气干燥无雨也不具备灌溉水源的,栽植前应将适量保水剂混入回填土中,其配比和用量参照购买产品的使用说明进行。

（2）容器苗栽植方法

①栽植时间。

除夏季高温伏旱季节,其余季节均可造林。

②苗木处理。

降解期超过1年的营养钵苗和塑料袋容器苗,栽植时须去掉容器,保证土坨完整再定植;1年内可自然降解的营养钵苗和无纺布容器苗(图5.4),栽植时可不去掉,用刀片割开容器底部后直接栽植,栽植时应对生长至容器外的根系进行修剪,若容器内土壤干燥,须浇水润湿后再行栽植。

图5.4　枫香树、楠木容器苗

③基肥。

基肥宜采用充分腐熟的有机肥,在栽植前结合整地施于穴底。

④栽植技术。

先在穴底填部分表土,再将容器苗根球放入栽植穴中央位置,栽植深度以苗木根颈部略高出穴面2~3厘米为宜。然后将表土回填至苗木地径位置,用脚轻踩一次;再回底土至平地面,用脚踩实。最后回薄土整形为反坡面鱼鳞坑状,即坡下部回土高于苗木地径部,坡上部低于苗木地径部,并呈反坡面凹陷形。栽植时轻拿轻放,避免土坨散开。

4) 幼林抚育

（1）松土除草

人工松土以植株为中心,垦松其周围土壤;机械松土可在植株行间开犁进行松土。

除草包括刀抚与锄抚。刀抚是杂草、灌木生长旺盛期间的应急抚育手段,将原清林范围内所有新生杂灌、杂草地上部分清理干净,可使用割灌机提高工效。锄抚是在苗木幼年期的常规抚育手段,原则上每年春秋季各一次。将苗木周边一定范围内的新生灌木、杂草清理干净,深度一般达到土层厚度的 1~2 厘米,抚育直径一般为 1~1.5 米。锄抚一般结合补植、施肥共同进行。

（2）补植补造

成活率达不到工程合格标准的小班需进行补植补造。原则上成活率低于40%（含）的须进行重新造林,高于 40% 而低于验收标准的须进行补植补造。补植补造苗木的质量、栽植方法与造林工序相同。实际生产过程中,为提高补植补造苗木成活率和补植补造效率,施工方可根据需要,在造林地块周边假植适量苗木用于来年补植补造。

（3）施肥

营造林施肥主要选择有机无机复混肥,有条件的地方施用农家肥。

造林后抚育施肥须连续开展 3 年。施肥在苗木栽植后第 2 年结合抚育管护进行,春季栽植的营养袋苗,可在秋季开始追肥。用材林第 1、2 年抚育 2 次,施肥 1 次,第 3 年抚育施肥各 1 次;经济林第 1 年抚育 2 次施肥 1 次,第 2、3 年抚育施肥各 2 次,从第 4 年起每年抚育 2 次。第 1 年的第 1 次抚育在种植后的 2 个月内,第 2 次抚育时间为 8—9 月,第 2 年在 3—4 月与 8—9 月各抚育 1 次,第 3 年抚育在 3—4 月进行。

施肥量根据苗木大小和立地条件等确定,造林后第 2~3 年逐年增量。施肥时,坡度小于 15° 的林地可在树盘外围线上挖深 10 厘米左右的 "O" 字形沟,将肥料均匀撒入后覆盖。坡度大于 15° 的,应在上坡树盘外围线上挖深 10 厘米左右的 "C" 字形环沟,撒入肥料后覆盖。

5.2.2 森林抚育技术管理

1）割灌除草

全面清除妨碍林木、幼树、幼苗生长的灌木、藤本和杂草。

2）修枝

除去目标树种林木下部枝条，主要用于天然整枝不良的目标树。

3）透光伐

伐除胸径 5 厘米以下的林木。伐除上层或侧方遮阴的劣质林木、霸王树、萌芽条、大灌木、蔓藤等，间密留匀、去劣留优。

4）生长伐

针对中龄林阶段林分，确定目标树或保留木，采伐干扰树，提升林分胸径连年生长量，保证目标树或保留木生长势良好。

5）疏伐-定株

在幼龄林中，同一穴中种植或萌生了多株幼树时，按照合理密度伐除质量差、长势弱的林木，保留质量好、长势强的林木（图 5.5）。

（a）抚育间伐之前   （b）抚育间伐之后

图 5.5 马尾松抚育间伐前后林分状况对比

6）卫生伐

伐除枯死木、雪压木、风倒木等，即已被危害、丧失培育前景、难以恢复或危及目标树或保留木生长的林木。

7）施肥

在幼龄林中，根据作业设计，施放固定型号的肥料，保持、提高土壤肥力。

5.2.3　苗木管理

1）苗木选择

①优先采用《重庆国家储备林营造林树种名录》中的树种，详见附录。

②优先采用种子园、母树林、采穗圃等生产的优质种源。

③禁止使用来源不明、未经检疫、未经引种实验的苗木和其他繁殖材料。

④优先采用Ⅰ级苗，优先采用具备良种证书或乡土树种名录中的苗木。

⑤每年1—3月、11—12月营造林可选择裸根苗，其余月份营造林可选择容器苗。

⑥原则上优先使用市内轻基质等容器苗，坚持就近采购种苗，优先使用自育苗和林业保障性苗圃苗。重庆市内用苗需求无法满足时，可适当从市外相似生境地区调苗。

2）苗木质量与规格

（1）苗木质量要求

综合控制条件：无检疫对象病虫害，苗木基干通直，色泽正常，树高与地径比合理，充分木质化，无机械损伤，无冻害，萌芽力弱的针叶树种顶芽发育饱满、健壮。

达不到综合控制条件要求的为不合格苗木；达到要求的根据根系、地径和苗高三项指标分级，未达Ⅱ级苗标准的为不合格苗。

分级时，首先以根系所达到的级别确定苗木级别。如根系达Ⅰ级苗要求，苗木可为Ⅰ级或Ⅱ级；如根系只达Ⅱ级苗的要求，该苗木最高只为Ⅱ级；如根系达不到

要求则为不合格苗。根系达到要求后按地径和苗高指标分级,合格苗划分为Ⅰ、Ⅱ两个等级,苗高、地径属不同等级时,以地径所属级别为准。

（2）苗木规格要求

裸根苗规格要求:原则上使用《主要造林树种苗木质量分级》（GB 6000—1999）、《主要造林树种苗木质量分级》（DB50/T 206—2005）等规定的Ⅰ级苗木,优先使用优良种源、良种基地的种子培育的苗木以及优良无性系苗木。无苗木标准规定的,相关标准优先参考同科属的标准,具体以合同约定为准。

容器苗规格要求:原则上使用《容器育苗技术》（LY/T 1000—2013）、《主要造林树种苗木质量分级》（DB50/T 206—2005）等规定的Ⅰ级苗木。无苗木标准规定的,原则上使用1~2年生容器苗,相关标准优先参考同科属的标准,具体以合同约定为准。

3）苗木验收

（1）验收组织

苗木验收工作由重庆林投公司区域负责人、监理单位、施工单位和分（子）公司人员组成苗木验收小组进行验收,并邀请区（县）种苗站、森防站参加。

（2）验收程序

苗木手续查验:查验是否具备苗木生产经营许可证、产地检疫合格证、苗木标签和苗木检验证书（苗木质量合格证）。跨区县调运苗木须持有植物检疫证书,禁止使用携带国家及重庆市植物检疫名录规定的植物检疫对象的苗木。苗木手续不全的,不予验收。

抽样验收方案确定:根据《主要造林树种苗木质量分级》（GB 6000—1999）、《容器育苗技术》（LY/T 1000—2013）、《主要造林树种苗木质量分级》（DB50/T 206—2005）等规定划分苗批,同一苗批按照表5.1规定抽样方案。

表5.1　苗木抽样方案

苗批量/株	样苗量/株	允许不合格样苗的最大值/株
1~50	全查	0
51~1 000	50	2
1 001~10 000	100	5
10 001~50 000	250	12

续表

苗批量/株	样苗量/株	允许不合格样苗的最大值/株
50 001 ~ 100 000	350	17
100 001 ~ 500 000	500	25
500 001 以上	750	37

（3）样苗抽取

成捆苗木抽样：样苗数量确定后，应从苗批中随机抽取样捆，抽取的样捆数量应符合表5.2的规定。每个样捆内随机抽取20～30株苗木作为样苗，直至取得规定数量的样苗。样捆的苗木数不足20株时，样捆内的苗木全部作为样苗。

不成捆苗木抽样：样苗数量确定后，按照随机抽样的原则直接抽取样苗。具体操作时，可随机确定一定数量的取样点，每个取样点抽取10～20株苗木，直至取得规定数量的样苗。

表5.2 成捆苗木抽样方案

样捆数	应抽取的样捆数
20 及以下	≥4
21 ~ 30	≥6
31 ~ 40	≥8
41 ~ 50	≥10
51 ~ 100	≥12
100 以上	≥16

苗木指标测量（图5.6）：对抽取的样苗测量苗木地径、苗高、根系长度和Ⅰ级侧根条数，做好相关测量记录并附照片，填写苗木验收单。

测量说明：苗木地径用游标卡尺测量，如测量的部位出现膨大或干形不圆，则测量苗干上部正常处，读数精度到0.05厘米。苗高用钢卷尺或直尺测量，自地径沿苗干量至顶芽基部，读数精确到1厘米。根系长度用钢卷尺或直尺测量，从地径处量至根端，读数精确到1厘米。大于5厘米长Ⅰ级侧根数指直接从主根上长出的长度在5厘米以上的侧根条数。

图5.6　苗圃苗木指标测量

苗木验收标准:按照项目作业设计的苗木规格和签订的苗木合同规格标准进行验收(图5.7)。苗木合格标准包括无检疫对象病虫害,苗干通直,色泽正常,萌芽力弱和休眠期的针叶树种有顶芽,顶芽发育饱满和健壮,充分木质化,容器不破碎,形成良好根团等。针对苗木规格达不到设计要求、苗木机械损伤较多、截顶苗较多等情况,不予验收。

图5.7　苗木到场验收

苗木验收后填写苗木验收单,由供苗方、施工方和监理方签字确认,作为付款依据。成批苗木验收,苗木合格率应达到90%(含)以上。达不到验收要求的,由苗木供应商重新对苗木进行分级,剔除不合格苗木后再验收;不分级的,退回苗批。

4）苗木验收后管理

苗木验收完成后，由施工单位清点苗木数量并记录，最终栽植苗木总数量和初植密度须达到设计要求。每批苗木从出圃到完成栽植的间隔时间原则上裸根苗不超过 24 小时，容器苗不超过 48 小时，超过时间的苗木不得用于营造林项目。因客观原因在规定时间内未完成栽植的苗木应妥善保管，注意防晒、防风、防盗。

容器苗卸车转运要轻拿轻放，依次排开，禁止"叠罗汉"相互挤压。若使用塑料袋转运，转运结束要解开塑料袋，避免烧苗。摆放位置须选在阴凉避风处，防止苗木失水。裸根苗要垂直摆放，根部朝下。若因客观因素苗木长时间无法栽植完，需将未栽完的苗木进行假植或密植，并注意保水防旱，假植的苗木要有专人管理并记录，尽早用于造林或补植。

苗木栽植前，由施工单位做好苗木分拣工作，全部使用壮苗，禁止使用弱苗、断梢、不合格的苗木。由监理单位做好监督工作。

5.2.4 施工现场管理

1）重庆林投公司现场管理

重庆林投公司负责对工程全过程进行技术指导，不定期开展工程质量监督和技术指导，并对监理单位的工作进行监督，同时把工程巡查的情况在国家储备林数字化生产管理系统上提交。

营造林项目施工现场管理实行分区域管理制度，重庆林投公司生产部派驻区域负责人，统一管理区域内所有项目，由重庆林投分（子）公司协助管理，区域负责人管理区域内项目涉及的施工单位、监理单位向区域责任人负责。区域负责人须在工程施工期间跟班巡查，每月巡查面积不得低于施工面积的 50%，以"营林通"软件上轨迹为考核依据。

区域负责人在项目实施前，全面掌握项目的概况、技术要求、施工内容、项目实施区域等，将施工资料发给施工单位，并召开项目启动会，进行项目技术交底，明确施工内容、技术要求、施工质量要求等。

2）分（子）公司现场管理

分（子）公司在收到重庆林投公司下发的作业设计后的 7 个工作日内编制现场管理方案并报送至重庆林投公司生产部备案，包括但不限于工程质量管理制度，安全生产管理制度及组织架构设置，安全生产管理人员的配备、就位情况，安全措施落实情况以及现场施工人员意外保险购买情况等。分（子）公司按照已划分的施工标段固定相应的管理人员。管理人员需具备林业施工现场管理能力。

每月 20 日分（子）公司向重庆林投公司生产部书面（加盖公章）报送工作进度。

分（子）公司组织设计单位、施工单位、监理单位召开设计技术交底会，重庆林投公司生产部区县负责人参加交底会。

分（子）公司需对所有正在施工的委托管理范围进行巡查，要求施工期间对管理范围每月 100% 全覆盖巡查，并填写巡查日志，以"营林通"软件上轨迹为考核依据。在巡查过程中，发现工程质量、施工安全存在隐患的，工期缓慢的，书面向施工单位下达整改意见并报送重庆林投公司生产部。

分（子）公司需监督施工单位按照约定的施工时间节点完成对应的工序，联合监理单位完成工序验收。

分（子）公司负责协调施工当地村社关系，施工单位按监理下达开工令时间组织进场施工，分（子）公司负责及时协调处理施工范围内的纠纷、群众信访等工作。

分（子）公司须按照年度工作计划，于每年 12 月向重庆林投公司专题报告施工完成情况及营林生产管理情况，并按项目、按年度整理档案，待竣工完成后将原件集中移交至重庆林投公司森林资源发展部。

3）施工单位现场管理

施工单位应委派现场管理人员，于工程施工期间全时段跟班管理。

施工单位根据施工合同、工程设计和相关技术要求，制订施工组织方案，包括工程概况、施工组织管理机构、工程技术质量保证措施、环保措施、安全生产保证措施、文明施工措施、管护措施等内容，并提交给重庆林投公司。

施工单位根据施工组织方案开展施工，施工过程中严格执行相关技术规范和工程设计要求，对工程质量负责。

4）监理单位现场管理

监理单位应委派监理人员于工程施工区域跟班监理,确保监理范围全面覆盖施工范围,各工序采取旁站监理,以"营林通"软件上轨迹为考核依据。

监理单位按照工程设计要求和相关技术要求,对施工单位施工质量和进度进行全过程监理,确保按照作业设计进行施工,且每个造林环节的施工质量符合设计要求。监理单位应每天在国家储备林数字化生产管理系统上("营林通"App)提交当天的工程监理情况、工程完成情况、工程质量情况和物资(种苗、肥料等生产材料)使用情况,严格遵守国家储备林数字化生产管理系统的使用要求和相关制度。

5.2.5 工程质量与安全管理

1）工程质量控制

①施工单位应建立健全质量保证体系,选派有经验的工程技术人员对施工现场的各个环节层层进行质量管理监督,采用相应的措施进行质量检查,保证工程一次交验合格率为100%。

②在施工过程中,区域负责人应对施工过程进行巡查,监理单位选派专业监理人员进行全过程监理。

③区域负责人或监理人员发现苗木质量不合格,施工单位不按组织设计施工,或施工操作不规范等问题时,应及时通知施工单位采取措施进行处理,必要时责令施工单位停工整改。

④施工环境可能影响工程质量时,区域负责人或监理人员应责令施工单位采取有效的防范措施,必要时暂停施工。

⑤施工单位应严格按照工序施工,上道工序未经验收或工序质量不合格时,下道工序不得开展。

⑥在没有人力无法抗拒的因素的情况下,施工单位应按照合同约定的时间节点,完成相应的工程内容。

2）工程安全管理

为保障工程的安全生产,确保安全目标的实现,重庆林投公司建立健全安全组织体系,落实安全责任考核制,把安全生产情况与区域负责人的考核绩效挂钩,使安全生产处于受控状态。坚持贯彻"安全第一、预防为主"的方针,坚持"安全为生产,生产必须安全"的原则,做到思想保证、组织保证和技术保证,确保施工过程中人员、设备的安全。

施工单位应建立安全管理体系,成立以各工区安全员和施工队长为首的安全生产小组,检查各作业队的安全生产活动。为保障施工安全,项目施工前,重庆林投公司应与施工单位签订《林业工程施工承诺书》,主要内容包括:

①施工单位要做好安全文明施工的教育及管理工作,积极预防违法行为、伤亡事故;因施工所产生的相关费用(包括但不限于民工的工资、福利、劳保、保险、伤亡处理及补偿、工具费、工棚费、水电费、食宿费、运输费、因施工产生的所有费用及损失等)均由施工单位承担。

②施工单位必须给施工人员购买商业保险,施工过程中的安全责任由施工单位全权承担。

③施工单位应于施工期间加强巡视、看守,防止林木被盗、林地被占。杜绝在林地用火,消除火灾隐患。发现林木被盗被毁坏、林地被占时,施工单位应及时跟踪调查取证,并及时报告重庆林投公司及当地公安机关。如因施工单位故意隐瞒此类情况造成重庆林投公司经济损失的,该损失由施工单位承担。

④保证苗木不被人畜危害。若林区存在放牧及人为破坏等情况的,施工单位应及时跟踪调查取证,并及时报告重庆林投公司及当地公安机关。如因施工单位故意隐瞒此类情况造成重庆林投公司经济损失的,该损失由施工单位承担。

5.3　检查验收管理

营造林项目实行四级验收制度,即施工单位自查、重庆林投公司全查、市级复查、国家核查。全查由重庆林投公司组织相关部门人员或聘请有林业调查规划设计资质的中介机构开展。

5.3.1 检查验收准备

1）人员培训

对承担检查验收的技术人员进行政策、技术标准、工作纪律等方面的培训。

2）资料收集

资料收集主要包括：营造林任务分解下达文件；自查报告、工作总结等；自查合格小班一览表、图等；作业设计文本、批复；施工作业合同、公示公告等；抚育间伐所需的采伐许可证等相关材料。

3）制订工作方案

根据重庆林投公司要求，结合作业设计情况，制订检查验收工作方案，落实好验收人员、技术方案、器具、调查表格、交通工具等。

5.3.2 检查验收程序

①听取受检单位关于营造林工作情况的汇报，包括计划分解落实、任务完成、组织管理、政策措施、经验做法、存在问题、意见建议等。

②查阅、收集相关资料，并保存备查。

③外业调查。

④内业数据处理。

⑤向受检单位反馈检查发现的主要问题。

⑥汇总分析，撰写检查验收报告。

5.3.3 验收抽样

检查验收过程中，除对施工小班的实施范围面积完成情况进行踏查和调绘外，其余技术类指标调查（除"面积"外），采用在小班内设置样方和抽取样本的方法进行。

1）抽样方法

应选择具有代表性的林地设置样方,样方形状一般为正方形或矩形,有时因地形变化也可为多边形,样方内的林木即为样本。

2）抽样数量

根据小班面积大小确定调查样方个数,原则上样方面积应占小班面积的1.5%～2%。样方数量的确定办法按照《国家储备林基地建设检查验收办法(试行)》执行,样方和样本确定后,按照检查验收规定内容,逐项进行调查。

5.3.4　检查验收内容

1）集约人工林栽培

（1）小班面积检查

利用施工作业设计图,进行现场测绘或用 GPS 测量核对。在核对小班边界的基础上,重新计算小班面积。确定小班面积的原则:①误差在±5% 内时,以上报面积为准;②误差率>5% 时,以检查结果为准。

（2）造林密度检查

造林初植密度应与施工作业设计的造林树种初植密度一致,分布均匀,允许误差为±5%。

（3）整地质量检查

根据现场情况,将影响幼树生长的杂灌、藤、草等清理干净,栽植穴长、宽、深符合要求的为合格。两项指标综合合格率应达90% 以上。

（4）栽植质量检查

检查内容包括栽植苗木的成活率、胸径、地径等,栽植质量合格率≥90% 为合格小班。

（5）抚育施肥检查

按照作业设计开展幼林地除草、施肥,施肥种类、数量应达到设计要求。

（6）造林成活率及保存率检查

造林当年检查造林成活率，造林第 2 年及以后检查造林保存率。以样方内幼树为样本，逐株检查，记录成活或保存株数。造林成活率≥85% 为合格小班，成活率在 41% ~ 84%（含）作为补植面积，成活率在 40% 以下的为造林失败面积。造林保存率≥80% 为合格小班。

2）森林抚育

（1）小班面积核实

采用 1∶10 000 地形图调绘、GPS 实测作业小班面积。实测作业面积与上报面积误差在±5% 之间时，认可小班上报面积，否则以实测作业面积作为核实面积。

（2）间伐作业调查

采用实测标准地的方法推算小班检查因子。在标准地内测量并记录各项调查因子，填写标准地每木调查表，并记录标准地中心点 GPS 定位数据。

（3）割灌除草作业检查

检查影响目的树种生长的灌木、藤本、杂草是否割除，是否保留珍贵树种及有生长潜力的幼苗、幼树。

（4）修枝作业检查

检查修枝高度、质量是否符合要求，林分卫生条件是否得到明显改善。

（5）剩余物处理检查

是否按照病虫害防治、森林防火等要求进行了场地处理，抚育剩余物是否分类运出或平铺、按一定间距均匀堆放。

（6）验收评价

外业验收完成后，以小班为单位对抚育质量作出评价。只有对《施工作业设计》文件中规定的所有抚育内容进行了施工，并达到质量要求，才能评定为合格，否则为不合格。

3）现有林改培

（1）小班面积核实

参照森林抚育的小班面积核实部分进行。

（2）树种更换作业调查

对照作业设计,通过作业区现场踏查,调查更换树种对象选择是否合理、方法是否恰当、强度控制是否科学。结合实测标准地的方法,调查并记录伐桩高度,补植苗木质量、密度、苗木规格、成活率、施肥量等各项调查因子,填写标准地调查表,并记录标准地中心点GPS定位数据。

（3）间伐改培作业调查

对照作业设计,通过作业区现场踏查,调查间伐改培对象选择是否合理、方法是否恰当、强度控制是否科学。采用实测标准地的方法推算小班检查因子,在标准地内测量并记录各项调查因子,填写标准地每木调查表,并记录标准地中心点GPS定位数据。

（4）割灌除草作业检查

参照森林抚育的割灌除草作业检查部分进行。

（5）修枝作业检查

参照森林抚育的修枝作业检查部分进行。

（6）剩余物处理检查

参照森林抚育的剩余物处理检查部分进行。

（7）验收评价

外业验收完成后,以小班为单位,对现有林改培质量作出评价。林分选择合理、培育措施得当、按施工作业设计要求施工的为合格,否则为不合格。如有超面积采伐、无证采伐和超限额或超计划采伐的为不合格,并在小班调查表中标记。

5.3.5 验收成果

以集约人工林栽培为例,检查验收成果应包括施工作业设计情况、造林面积、苗木质量、造林密度、整地质量、栽植质量、造林成活率、档案管理、造林保存率、工程管理等内容,并附检查验收各类汇总表及图件资料。

第三篇　实践篇

第6章　松树线虫病防治与马尾松林改培试点

松树枯萎病是世界范围内主要的检疫性森林病害,是由松材线虫引起的一种系统侵染性病害,主要危害松属植物。马尾松,松科松属乔木,为喜光、深根性树种,适应性强,耐干旱瘠薄,能生于干旱瘠薄的红壤、石砾土及沙质土,或岩石缝中。它分布极广,为我国长江流域及以南广大地区荒山造林先锋树种、用材树种,在20世纪八九十年代,南方多个省区开展消灭荒山、造林绿化的过程中起到重要作用,在满足国内木材需求和维护森林生态安全中也发挥着重要作用(图6.1)。

图6.1　重庆市梁平区马尾松纯林

自然条件下,马尾松为我国遭受松材线虫病危害最严重的树种之一,松材线虫

病的入侵使我国的马尾松林面临前所未有的危机,现存的低效林和受松材线虫病危害林分已无法满足人们对其提供多种生态服务的需要,急需寻求新的松材线虫病防治措施和马尾松林改培模式。

6.1 松材线虫病防治与马尾松林改培背景

松材线虫病是世界上头号检疫性林业生物病害,被国际上多个国家列入检疫对象名单。由松材线虫引起的危害松树的流行性森林病害,属于重大林业植物疫情。近半个世纪以来,松材线虫病在我国已扩散至近 20 个省份。因松材线虫病损失的松树累计达数亿株,造成的直接经济损失达近千亿元,生态损失更是无法估量。

6.1.1 松材线虫病发生规律及其危害

1982 年我国在南京中山陵风景区的黑松上首次发现松材线虫病,该病害在我国扩散势头迅猛,主要发生在国内热带和亚热带地区。近年来,由于全球气候变暖,该病害发生范围逐步扩大,一度跨越了年均温 10 ℃线,病害由最初的点状分布逐渐连接成片状,并且有着向西北跳跃式扩散蔓延的趋势。国家林业与草原局发布的"2022 年松材线虫病疫区公告"(2022 年第 6 号)显示,该病已经在我国 19 个省(区、市)共 731 个县级行政区发生,形势非常严峻,其危害主要表现在以下几个方面。

①引发严重的生态灾难。染病后的马尾松林涵养水源、调节气候、保持水土、净化空气等多种森林生态功能将减退,马尾松染病枯死后,将造成大片森林被毁,松树为主的生态景观将不复存在,且许多土壤贫瘠的地区难以更新补植其他树种,易造成石漠化等生态问题。

②造成重大的经济损失。一是马尾松疫木原则上只能进行无害化处理(焚烧、粉碎处理),木材浪费造成经济损失;二是松材线虫病防治费用高,为防治疫情需要

花费大量的人力、财力、物力进行除害处理;三是重新造林成本高。

③影响我国贸易出口。我国出口美国和欧盟的货物受限。因木质包装品的松材线虫病问题,出口货物受到欧美特别检疫管制措施的限制,产品竞争力下降。如果松材线虫病在中国广泛蔓延,世界各国将对中国松木包装的出口货物提出更加苛刻的要求,使中国出口贸易受到严重影响。

6.1.2　重庆市马尾松林资源分布现状

"十三五"以来,重庆累计完成营造林3 586万亩,新增森林面积1 100万亩以上,有效推动了全市森林覆盖率的增长。全市森林资源总量较大,但存在单位蓄积量及生长量低,森林资源空间分布不均等问题。重庆市马尾松林特点为纯林多、密度大、结构单一、质量差。2021年林地变更数据显示,重庆市马尾松林面积达2 107万亩,活立木蓄积超过1亿立方米,分别占全市森林总面积和总蓄积的34%和40%。马尾松林中,马尾松纯林面积约占90%,人工马尾松纯林面积约占70%(图6.2)。

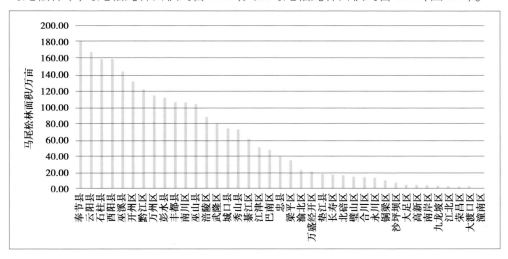

图6.2　重庆市各区县马尾松林面积①

---

①　数据截至2022年1月。

6.1.3　重庆市松材线虫病发生现状

重庆市自 2001 年出现松材线虫病疫情以来,2020 年峰值时疫区多达 36 个(含重庆高新区、万盛经开区),共涉及疫点 493 个、疫情小班 35 303 个,疫情发生面积 210.22 万亩(图 6.3)。截至 2022 年 1 月,重庆市 34 个区县和万盛经开区、重庆高新区发生松材线虫病疫情,共涉及疫点 455 个,疫情小班 33 878 个,疫情发生面积 201.88 万亩①。

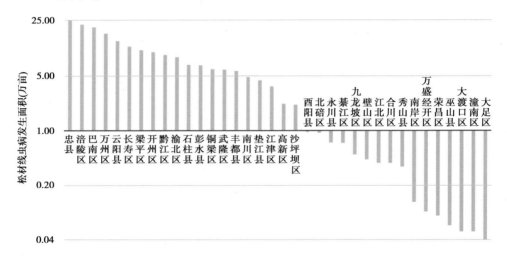

图 6.3　重庆市各区县松材线虫病发生面积②

目前,重庆市松材线虫病疫情发生面积已居全国第 4 位,造成了重大的经济损失和森林资源损失。重庆市马尾松林面积大、分布广,有马尾松分布的区域基本都有松材线虫病疫情发生,发生疫情后马尾松的采伐、运输、加工、利用等林业生产经营全部停止,严重影响森林质量提升、国家储备林建设等森林经营活动的开展以及"双碳"战略的顺利推进。重庆市绝大多数区县都属松材线虫病疫区,如何做到有效防治松材线虫病和调整马尾松纯林结构是重庆市林业目前面临的重要挑战和迫切需要解决的难题(图 6.4)。

---

①　数据来源于重庆市 2021 年马尾松秋季普查数据。
②　数据截至 2022 年 1 月。

图6.4　2020年重庆市梁平区受松材线虫病危害的马尾松林

6.1.4　改培试点的背景和必要性

1)改培试点背景

"十三五"以来,重庆市森林面积和蓄积迅速增加,生态环境得到有效改善。但森林资源总量不大、质量不优、结构不合理、林相较单一,特别是以马尾松为主的针叶纯林多、针阔混交林少,一般用材树种多、珍贵树种林少,森林经营和质量提升滞后。加上重庆市马尾松纯林面积占比大、松褐天牛分布广以及适宜的气候条件和频繁的经济活动,导致松材线虫病传入后迅速扩散蔓延,使三峡库区生态环境和森林资源安全受到极大威胁,森林蕴藏的巨大效益和综合功能无法得到有效发挥。目前,疫情已影响到三峡库区、秦巴山区、武陵山区及周边地区大面积松林安全和经济社会发展,严重威胁着长江上游生态屏障和三峡库区生态安全。

国家林业和草原局经过广泛调研,选择重庆作为全国松材线虫病防治与马尾松林改培试点区,并要求做好以下工作。一是做好疫情防治,安全生产。按照作业设计、疫区疫木管理办法、科学防治指导意见、防治技术方案要求,确保疫情不扩散,疫木不流失,真正做到安全利用。二是坚持生态优先,绿色发展。马尾松林改培试点要与所在区位相适应,兼顾树种、林分结构,与森林防火、国家储备林建设相结合。三是因地制宜,实事求是。从改培试点地区实际出发,统筹考虑当地群众的诉求、松材线虫病疫情的程度、马尾松林的状况、立地条件。四是循序渐进,推广应用。先确保梁平改培试点成功,做出样板,逐步总结推广,控制松材线虫病疫情,使马尾松林向健康发展,提升森林质量。为全国起到引领、示范、带动作用。

重庆市结合国家储备林建设开展松材线虫病防治与马尾松林改培试点工作,

坚持高标准示范、高质量发展,充分贯彻新发展理念和近自然森林经营理念,坚定维护生态安全和生物安全信念,以系统思维来强化森林保护、生态修复、综合治理,探索松材线虫病防治与健康森林建设新模式、新措施。通过现有林分改培、间伐、补植等综合技术措施,探索马尾松林改造培育模式和经验,提升现有林分质量,提高森林经营水平,增强马尾松林抵御灾害能力,增加优质珍贵森林资源储备,提升森林的综合功能和效益。实施松材线虫病防治攻坚行动,采取超常规举措,探索以营林措施为基础与疫情防治相结合的科学精准防治模式,推进疫区人工马尾松纯林改造,全面提升马尾松林质量。

2)改培试点必要性

（1）是发挥示范作用,维护三峡库区生态安全的客观要求

现阶段,松材线虫病已严重影响重庆市森林生态安全、生物安全和三峡水库安全。通过实施改培试点工作,着力破解重庆市松材线虫病防治难题,将有利于精准提升马尾松林质量,进一步提升资源环境承载能力和维护三峡库区生态安全,增强生态产品供给能力和经济效益,促进城乡融合发展,为长江经济带高质量发展夯实绿色基础,做好绿色发展示范。改培试点工作的实施,符合国家关于在南方地区精准提升森林质量,构建稳定高效多功能森林生态系统的要求,对于保障长江上游、三峡库区森林生态安全,筑牢长江上游重要生态屏障,建设山清水秀美丽之地具有重要意义。

（2）是探索疫木安全利用,集约森林资源的现实需要

受国际木材交易限制影响,我国原木进口阻力增大,各种挑战增多。部分国家采取绿色壁垒等贸易保护主义措施或反倾销诉讼,加大对我国木材和木质制成品进出口限制,珍稀树种和大径级原木进口存在断供风险,维护国家木材安全形势严峻。而我国由于松材线虫病疫情影响,大量松材线虫病疫区松木的正常生产经营活动被迫停止,疫木只能进行无害化处理,大量松木资源被迫浪费,焚烧又产生新的环境污染和森林火灾隐患等负面影响。改培试点工作通过应用法律和行政管理力量,提升疫木除治、安全利用和更新造林环节的监管能力,形成工作闭环,在确保疫木可控和绝对安全的前提下,拓展松材线虫病疫木无害化处置和利用方式,同时发展林下经济,促进林农群众增收致富,从而实现防治疫情、促进就业增收、助力乡村振兴、维护木材战略安全和森林生态安全的多赢。

（3）是探索从根本上防治松材线虫病新思路的迫切需要

开展松材线虫病防治与马尾松林改培试点，旨在把松材线虫病疫木除治与营林基础措施密切结合，同步开展防治疫情与退化林修复，稳步提升森林质量，变被动防治为主动防御，通过与国家储备林建设带状改培更新、抚育间伐和补植补造等措施相结合，逐步将现有发生松材线虫病的马尾松纯林培育成复层异龄针阔混交林，使林分结构得到调整，森林的自然抗衡能力增加，生态功能增强。通过补种阔叶树苗木，增加麻栎等具有落叶分解快、改良土壤发育、水源涵养和促进森林生态系统固本培元等功能的乡土树种，合理利用采伐剩余物，进一步提升林地生产力和增强森林生态系统活力，促进林木生长并保持较好干形，将现有森林变成一座座"水库"，对于维护长江中上游区域生态安全意义重大。

6.2 改培试点区域概况

6.2.1 改培试点范围

改培试点区域位于重庆市渝东北三峡库区城镇群，分布在梁平区东西两侧，介于东经107°24′～108°00′、北纬30°28′～30°47′之间，东西横跨52.10千米（图6.5）。改培试点区域丘陵起伏，山峦叠嶂，沟壑纵横，海拔多分布在500～800米。属亚热带季风性湿润气候，年均气温16.60 ℃，年均降雨量1 262毫米，年均相对湿度81%，平均日照1 336小时，平均无霜期279天，年均风速1.30米/秒。试点区处于长江干流与嘉陵江支流渠江的分水岭上，地势高于四周，为邻县溪河发源地，主要河流包括龙溪河、普里河、汝溪河及其支流等。土壤以灰棕紫色水稻土、红棕紫色水稻土、老冲积黄泥水稻土、灰棕紫泥土和红棕紫泥土五个土属为主。

改培试点区域面积为2万亩，涉及10个镇街，包括双桂街道、梁山街道、星桥镇、文化镇、复平镇、蟠龙镇、云龙镇、回龙镇、聚奎镇和金带街道。各镇街马尾松林面积如图6.6所示。

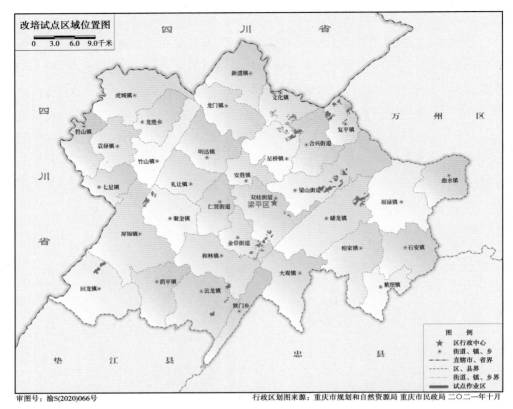

图 6.5　改培试点区域位置图

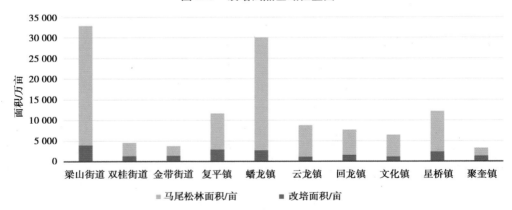

图 6.6　改培试点区各镇街马尾松林及改培面积①

---

①　数据来源于 2021 年秋季普查结果。

6.2.2 改培试点区域现状调查

1)调查范围

调查范围为重庆市松材线虫病防治与马尾松林改培试点建设范围,共 348 个小班,面积 2 万亩。

2)调查方法

①在区划小班内选取有代表性的地段设置标准样地(图 6.7),标准样地面积为 400 平方米(20 米×20 米)。面积为 100 亩以下的布设 1 个标准地,100~200 亩的布设 2 个标准地。

图 6.7 建立标准样地——蟠龙镇扈槽村改培试点样地

②在标准样地内,按样地调查表逐项调查,填写各项调查内容,分树种对保留木和采伐木进行每木检尺并记录,起测胸径为 5 厘米,按不同径级选取标准木测量树高,每个径阶测 3~5 棵标准木树高,根据测量结果绘制树高曲线,算出每个径级平均树高。用加权平均法计算标准地内各树种的平均胸径。

③根据调查数据计算林分蓄积。重庆市暂无二元材积表,蓄积采用四川省二元材积表进行计算。

3)调查结果及分析

(1)调查结果

经现地调查后最终确定改培试点建设面积为 2 万亩,共 348 个小班。地类为乔木林地,森林类别为商品林地,起源为人工,权属为集体,林种为一般用材林。林

地优势树种为马尾松,郁闭度集中分布于0.60~0.70,平均每亩蓄积为12.73立方米,平均树高13.03米,平均胸径为16.90厘米。改培试点范围林分龄组涉及中龄林、近熟林和成熟林,近熟林和成熟林占比大,其中中龄林587亩,近熟林1.35万亩,成熟林0.59万亩,分别占改培试点面积的2.90%、67.40%和29.70%(图6.8)。

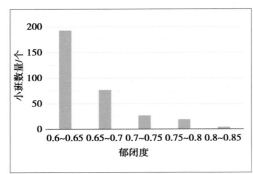

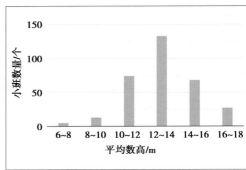

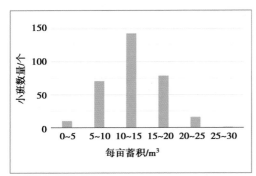

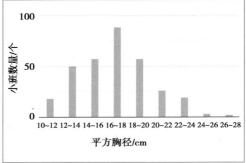

图6.8 改培试点区马尾松林标准样地调查结果

(2)结果分析

①林龄结构不合理,培育前景不佳。

改培试点区内林地以马尾松林为主,近熟林和成熟林单位蓄积量偏小,林木生长量低,现有林分常规方式培育前景较差。

②优势树种单一,生态系统稳定性较差。

改培试点区内优势树种以马尾松为主,存在少量的柏木、杉木及其他阔叶树种,珍贵树种较少。林分以针叶纯林为主,伴以少量针叶和针阔混交林。整体看来,林木种类单一,导致森林生态系统和植被群落的稳定性差,森林抗自然灾害能力较弱,遭受森林火灾和林业有害生物入侵风险较大。

③林分退化严重,营林价值较低。

改培试点范围内林分起源单一,全部为人工林(纯林面积占比达90%以上),林层单一,林下植被以低矮的灌木和草本为主,退化严重。人工林的生态学特性导致生态系统自然演替难度大,自然情况下难以较快形成针阔混交林。马尾松木材使用在现行松材线虫病防治政策下,具有很大的地域局限性,培育前景不明朗,营林价值较低,经济效益较差。

④松材线虫病发生范围广,除治任务重。

多年来,在全区严防死守、联防联治下,松材线虫病除治虽然取得明显效果,但发生形势依然严峻,疫情时有发生。梁平区2021年松材线虫病春季普查工作结果显示,梁平区松材线虫病发生面积共计11.13万亩,涉及21个镇街和1个国有林场,发生疫情小班共计1 999个,亟须采取新的松材线虫病防治措施和马尾松林改培模式,防止疫情扩散蔓延。本次改培试点工作涉及的10个镇街,发生松材线虫病小班多达924个,尤其是蟠龙镇,发生松材线虫病小班达557个,改培试点实施区发生疫情小班达159个(图6.9)。

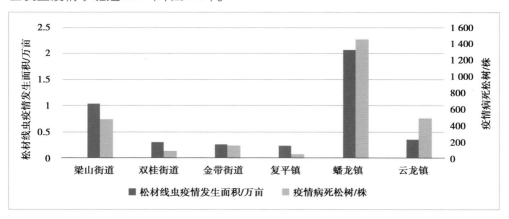

图6.9 改培试点区松材线虫病发生面积及病死马尾松数量①

---

① 数据来源于2021年秋季普查数据。

6.3 总体方案

科学设计采伐方式、采伐强度、采伐工艺或流程、集材方式、伐区清理、采伐作业安全等,提高林木采伐作业效率。科学利用马尾松疫木,防止疫情传播及蔓延,减少农林经济损失。及时按要求开展伐后更新造林工作,缩短更新造林时间。改善改培试点范围内林地经营条件,严防改培试点区森林生态系统质量和稳定性大幅下降。

6.3.1 工作流程

改培试点工作共分为试点准备、施工准备、施工建设和成效评估四个阶段,具体实施流程如图6.10所示。

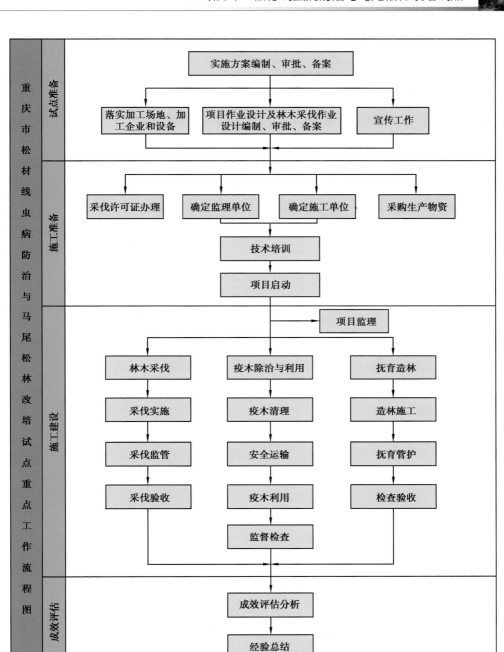

图6.10 改培试点工作流程图

6.3.2　改培目标

改培试点以降低马尾松比重、加大培育大径材及珍贵树种力度,建设国家储备林基地,培育稳定、健康、优质、高效的森林生态系统为目标。根据近自然森林经营理念,采取更换树种、间伐、补植、冠下造林等综合技术措施,以及目标树经营技术,构建异龄复层混交林。力求提高森林质量,增强森林抗病能力,恢复森林生态系统活力,增加国家林木储备,保障木材供给安全,并在此基础上形成可复制、可推广的改培技术和模式。

6.3.3　采伐方式

通过对改培试点区域设置采伐带和保留带,对马尾松林进行改培。根据采伐带和保留带的具体情况设计块状皆伐、带状皆伐和抚育间伐三种方式(图6.11)。

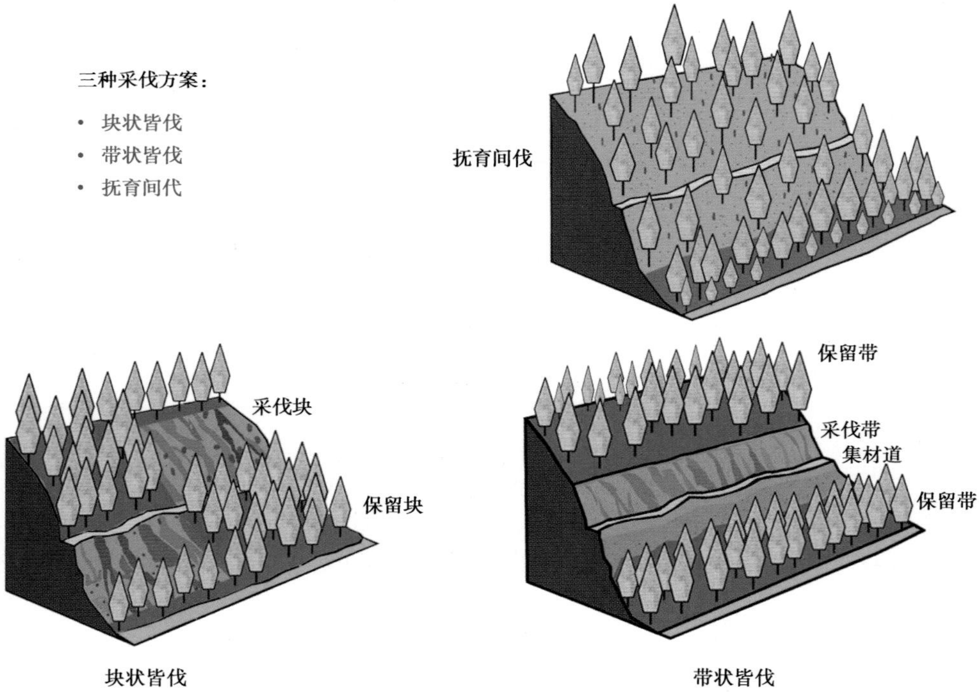

三种采伐方案:
· 块状皆伐
· 带状皆伐
· 抚育间代

抚育间伐

采伐块

保留块

保留带

采伐带
集材道

保留带

块状皆伐

带状皆伐

图6.11　采伐方案示意图

1）块状皆伐改培模式

适用范围：针对松材线虫病疫情严重的马尾松林纯林，采取块状皆伐+补植模式。

采伐方式：小块状皆伐，采伐面积原则上不超过30亩，坡度平缓、土壤肥沃、容易更新的林分，可以扩大到150亩，此外沿山脊线两旁15米范围内设保留带。

2）带状皆伐改培模式

适用范围：针对松材线虫病疫情一般的成熟林、近熟林，采取带状采伐+间伐+更新造林及补植相结合的改培模式。

采伐方式：带状皆伐，根据地形地势沿等高线或斜等高线设置采伐带，尽量避开山顶瘠薄处、陡坡及山沟等水土易流失的区域。采伐带宽度一般以30米为宜，原则上不超过林分平均树高的2倍。采伐带之间间隔距离原则上保留90米以上（采伐带宽度3倍以上）。带状采伐面积不超过改培试点面积的25%，单带面积不超过150亩。

3）抚育间伐改培模式

适用范围：针对松材线虫病疫情一般的马尾松中龄林，采取抚育间伐+补植补造模式。

采伐方式：保留带间伐，采用目标树作业法进行，按照大径级材培育的目标要求，结合林木生长状况、立地条件、树种分布等因素，选择树木自然寿命长、综合价值高、树干通直、树冠丰满、活力旺盛的树木为目标树，合理确定目标树的株数和距离。通过目标树确定干扰树和辅助树。采伐时按照保留目标树和辅助树、伐除干扰树和其他树（有必要时）的原则进行。间伐强度应符合相关技术规程，原则上株数采伐强度≤伐前株数的40%，或蓄积采伐强度≤伐前林木蓄积量的25%。具体每个小班按照保留目标树、伐后林分平均胸径不低于伐前林分平均胸径、伐后郁闭度应保留0.50~0.70等要求综合确定。

6.3.4　更新补植方案

1)立地类型划分

根据改培试点区造林地立地条件调查结果,以地形地貌、土壤类型和土壤厚度作为立地类型划分的主要因子。改培试点区海拔 300 ~ 1 050 米,属于低山丘陵立地类型区。将立地类型区中的阳坡、阴坡划分 2 个立地类型组,在每个立地类型组中根据土层厚度划分立地类型。改培试点区共分为 4 种立地类型(表 6.1):低山阳坡中厚土立地类型、低山阳坡薄土立地类型、低山阴坡中厚土立地类型和低山阴坡薄土立地类型。

表 6.1　改培试点立地类型表

立地类型区	立地类型组	立地类型		地形		岩性与土壤				适宜造林类型①
		名称	编号	海拔/米	坡向	土壤名称	土层厚度/厘米	pH 值	石砾含量/%	
低山丘陵立地类型区	低山丘陵阳坡立地类型组	低山阳坡中厚土立地类型	I-1	300 ~ 1 050	南、西、东南、西南	黄壤	≥40	4.5 ~ 7.5	<30	1、2、7、8、9
		低山阳坡薄土立地类型	I-2				<40			3、4、10
	低山丘陵阴坡立地类型组	低山阴坡中厚土立地类型	II-1	300 ~ 1 050	北、东、东北、西北	黄壤	≥40	4.5 ~ 7.5	<30	5、6、11
		低山阴坡薄土立地类型	II-2				<40			2、4、9

---

① 适宜造林类型见表 6.2。

2) 造林树种及配置模式

（1）树种选择

根据适地适树原则及改培试点工作要求，选择鹅掌楸、樟、枫香树、麻栎、楠木、木荷等树种，其中木荷为防火树种。改培试点工作实施后既可改变林分质量，提高马尾松林的抗疫性，又可起到防火隔离带的作用。

使用 2～3 年生 Ⅰ 级良种壮苗。在符合 Ⅰ 级苗标准基础上，阔叶树选用地径 2～3 厘米或树高 1 米以上的苗木。具备容器苗供应条件的树种应使用容器苗，个别苗木供应不允许的情况下，可以使用裸根苗，但裸根苗在定植前需用营养土泥浆浆根。鹅掌楸采用 2 年生实生苗，木荷、樟、楠木等常绿阔叶树种应当使用容器苗保证、保障成活率，麻栎、枫香树等落叶树种可使用裸根苗。

（2）配置模式

依据造林立地类型划分标准，根据适地适树的原则，共设计 11 种造林类型（表 6.2）。其中带（块）状造林类型 7 种，补植补造类型 4 种。

表 6.2　带（块）造林及补植补造造林类型

造林类型				适宜立地类型	树种配置					
编号	类型	培育目标	树种		混交方式	混交比例	株行距/米×米		配置方式	补植密度/株·亩$^{-1}$
							树种 1	树种 2		
1	带（块）状造林	珍贵树种、乡土树种	鹅掌楸×樟	Ⅰ-1	带状混交	5:5	3×3	2×3	品字形	88
2		珍贵树种	鹅掌楸×麻栎	Ⅰ-1，Ⅱ-2	带状混交	5:5	3×3	2×3	品字形	88
3		乡土树种	枫香树×麻栎	Ⅰ-2	带状混交	5:5	2×3	2×3	品字形	110
4		珍贵树种、乡土树种	鹅掌楸×枫香树	Ⅰ-2，Ⅱ-2	带状混交	5:5	3×3	2×3	品字形	88
5		珍贵树种	鹅掌楸×楠木	Ⅱ-1	带状混交	5:5	3×3	2×3	品字形	88
6		珍贵树种、乡土树种	枫香树×楠木	Ⅱ-1	带状混交	5:5	2×3	2×3	品字形	110
7		乡土树种	木荷	Ⅰ-1	纯林		2×3		品字形	110

续表

造林类型				适宜立地类型	树种配置					
编号	类型	培育目标	树种		混交方式	混交比例	株行距/米×米		配置方式	补植密度/株·亩⁻¹
							树种1	树种2		
8	补植补造	珍贵树种、大径材	樟	Ⅰ-1				按设计补植		20~40
9		珍贵树种、大径材	麻栎	Ⅰ-1、Ⅱ-2				按设计补植		20~40
10		乡土树种	枫香树	Ⅰ-2				按设计补植		20~40
11		珍贵树种、大径材	楠木	Ⅱ-1				按设计补植		20~40

对于改培试点区相对集中连片海拔小于700米的区域,部分带状造林设计栽植防火树种木荷,每亩均为110株,株行距为2米×3米;对于改培试点区相对集中连片海拔大于700米的区域,设计鹅掌楸与麻栎带状混交。

3)补植模式

(1)皆伐补植模式

采用带(块)状造林模式,根据立地类型和改培目标分为两种带(块)状造林类型。

①带(块)状造林类型一(图6.12)。

适用于表6.2中的造林类型1、2、4、5。栽植树种一(鹅掌楸)株行距为3米×3米,树种二(樟、麻栎、楠木、枫香树)株行距为2米×3米,带状混交,3行树种一,2行树种二,品字形配置,每亩株数88株(树种一44株,树种二44株),每个改培带栽植10行苗木,带内最外两侧的苗木离改培带边界1.5米,将马尾松纯林逐步培育为针阔异龄复层混交林。

②带(块)状造林类型二(图6.13)。

适用于表6.2中的造林类型3、6。株行距为2米×3米,带状混交,3行树种一(枫香树),2行树种二(麻栎、楠木),2行树种一(枫香树),3行树种二(麻栎、楠木),品字形配置,每亩株数110株(树种一55株,树种二55株),每个改培带栽植

10 行苗木,带内最外两侧的苗木离改培带边界 1.5 米,将马尾松纯林逐步培育为针阔异龄复层混交林。

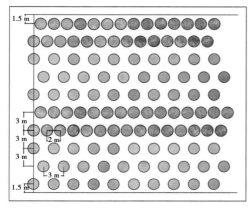 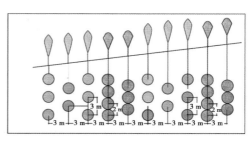

平面图 剖面图

图 6.12 带状造林类型一示意图

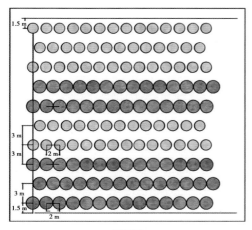 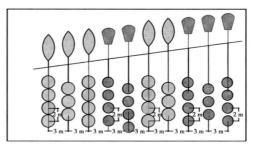

平面图 剖面图

图 6.13 带状造林类型二示意图

(2)抚育补植模式

针对改培试点区的保留带进行补植补造,适用于参考表 6.2 中造林类型 8、9、10、11,利用择伐后的林窗、林中空地、林隙处,根据立地类型,补植套种相应树种,根据每个小班的具体情况,每亩补植 40 株左右。在郁闭度较大、林窗较小的情况下,适当减少栽植株数,每亩 30 株左右;在林窗较大的情况下,初植时适当密植,每亩增加 10 ~ 20 株,株行距调整为 3 米×3 米左右;如挖穴位置为林中空窗,离四周保留木至少 2 米的水平距离。

补植技术要求:选择能与现有树种生长相容或互利,其幼树具备从林下生长到主冠层,且具备基本耐阴能力的目的树种作为补植树种,主要选择材质好、生长快、经济价值高的珍贵树种或乡土树种(设计树种为樟、麻栎、枫香树、楠木);补植后林分内的目的树种保留株数80~120株,分布均匀,并且整个林分中没有半径大于主林层平均高1/2的林窗;补植过程中不得损害林分中原有的幼树幼苗,尽量不破坏原有的林下植被,尽可能减少对土壤的扰动及破坏;补植点应配置在林窗、林中空地、林隙处;补植林木成活率应达到85%以上,3年保存率应达80%以上。

6.3.5 改培试点建设内容

改培试点区域位于重庆市梁平区松材线虫病发生的10个镇街范围内,改培面积为2万亩,改培对象为以马尾松为主要优势树种、松材线虫病疫情集中、森林类别为商品林、平均坡度在35°以下、交通便利、立地条件较好且龄组为中龄林、近熟林和成熟林的人工纯林和针叶混交林。

1)改培试点采伐设计

根据除治性采伐相关要求,结合小班权属、龄组、郁闭度等因子进行控制,按照乡镇(街道)—村—小班(伐块)进行区划,共区划348个采伐小班,面积2万亩。采伐类型为主伐,方式为皆伐和择伐。其中,采伐带采用皆伐方式,包括块状皆伐面积31.60亩,带状皆伐(包括采伐带、集材道和防火隔离带)面积4 214.10亩;保留带采用间伐方式,间伐面积15 754.30亩。改培试点区采伐设计见表6.3。

表6.3 改培试点区采伐设计

改培模式	采伐方式	划分类型	采伐面积/亩	小班数/个	采伐林木蓄积/立方米
块状皆伐补植	块状皆伐	采伐块	31.60	1	458.20
带状皆伐补植	带状皆伐	采伐带	3 456.50	170	43 103.40
	带状皆伐	集材道	618.80	190	7 650.80
	带状皆伐	防火隔离带	138.80	20	1 465.20
抚育间伐补植	间伐	保留带	15 754.30	348	24 410.90

2）改培试点补植设计

遵循因地制宜、适地适树原则,优先选择乡土或珍贵树种进行更新造林,促进形成结构复杂、稳定性更强的复层异龄复合型林分。针对皆伐的采伐块或采伐带以及低密度保留带,选择乡土或珍贵树种实施更新造林(补植)。改培试点区共营造林2万亩,其中带(块)状造林4 245.70亩,补植补造15 754.30亩。改培试点区补植设计见表6.4。

表6.4 改培试点区补植设计

改配模式	造林方式	划分类型	补植面积(亩)
块状皆伐补植	带状造林	采伐块	31.60
带状皆伐补植	带状造林	采伐带	3 456.50
	带状造林	集材道	618.80
	带状造林	防火隔离带	138.80
抚育间伐补植	补植补造	保留带	15 754.30
合计			20 000

3）其他基础设施建设

其他基础设施建设主要包括集材道建设。新建集材道应选择稳定的地点,充分考虑作业区地质、地形等条件及使用的林业机械车辆种类,采用最小限度的挖方、填方,力求挖填平衡,并尽可能利用现地自然资源完成。改培试点区共新建集材道122.84千米(宽4米)。其中,试点区内集材道103.81千米,折算面积618.80亩;试点区外集材道19.03千米。改培试点区集材道设计见表6.5。

表6.5 改培试点区集材道设计

乡镇	集材道		
	合计/千米	作业小班内部/千米	作业小班外部/千米
合计	122.84	103.81	19.03
复平镇	14.70	13.49	1.21
回龙镇	10.04	7.82	2.22
金带街道	10.75	8.16	2.59

续表

乡镇	集材道		
	合计/千米	作业小班内部/千米	作业小班外部/千米
聚奎镇	8.55	7.81	0.74
梁山街道	25.71	21.42	4.29
蟠龙镇	17.59	16.77	0.82
双桂街道	9.21	5.84	3.37
文化镇	5.44	5.13	0.31
星桥镇	12.55	10.89	1.66
云龙镇	8.30	6.48	1.82

6.4 技术措施

6.4.1 马尾松林采伐措施

于每年10月至次年3月底,开展改培试点区马尾松林采伐作业。在松材线虫病媒介昆虫松褐天牛的羽化期一律禁止疫木采伐。严格执行限额采伐、凭证采伐等政策,依法依规实施采伐。按照《森林采伐更新管理办法》和《森林采伐作业规程》(LY/T 1646—2005)等有关要求编制采伐作业设计,针对不同松材线虫病危害程度和林分类型(马尾松纯林、马尾松混交林),采用皆伐清理或择伐清理的方式对马尾松林进行采伐。

1)皆伐清理

皆伐清理指对发生松材线虫病疫情小班的全部松树进行采伐。

皆伐清理包括块状皆伐和带状皆伐两种方式。在冬春季媒介昆虫非羽化期内集中进行。皆伐后,应当对皆伐的松木和采伐迹地上直径超过1厘米的枝丫进行

全部清理,皆伐的松木和清理的枝丫应当在伐区内就地或就近及时除治处理,实行全过程现场监管,做到山上"两干净"——疫木除治干净、林间清理干净;山下"两干净"——农户疫木清理干净、企业疫木清理干净。

2)择伐清理

择伐清理指对发生松材线虫病疫情小班及其周边松林中的病死(濒死、枯死、因灾致死)松树进行采伐。

择伐清理包括"集中除治"和"即死即清"两种方式。"集中除治"即在冬春季媒介昆虫非羽化期内,一般是当年10月至翌年3月,采伐清理病死、濒死、枯死、因灾致死等松树并进行除治处理;"即死即清"为集中除治后又发现零星死亡松树时,及时采伐并进行除害处理的方式。除治性采伐以择伐为主。对疫情发生小班内的病死、濒死、枯死等松树必须进行全面采伐。采伐范围可根据疫情防治需要从疫情发生小班边缘向外延伸2千米,延伸范围内的采伐对象只限于濒死、枯死等松树。

采取集中除治方式采伐的松木和直径超过1厘米的枝丫应在疫区内就地或就近及时进行除害处理,于媒介昆虫进入羽化期前须全部处置完毕;采取"即死即清"方式采伐的松木和直径超过1厘米的枝丫必须按照当日采伐当日就地粉碎(削片)或烧毁的要求进行处置。

3)采伐木和保留木的选择与标记

(1)改培采伐技术要求

按照采伐蓄积强度不超过25%、伐后林分郁闭度不低于0.50的"双控"目标,以小班为单位,紧紧围绕经营目的,在遵循作业设计的基础上,以目标树为基准,对干扰树和疫木等进行采伐标记。以改善林下透光、卫生和营养条件、林分整体景观为遴选依据和原则,落实标记作业。采伐后林分郁闭度不低于0.50,采伐后不人为产生林窗,尽量保持林木分布和透光均匀。

(2)改培目标树的确定

选取采伐木,应首先结合目标树经营,确定目标树。在林地中,一般选取相对长势好、质量优、寿命长、价值高,需要长期保留直到达到目标直径方可采伐利用的林木作为目标树,重点培养利用。目标树必须健康无病虫害,优先选择大径级树作为目标树,同时考虑不影响目标树生长且具有一定培养价值的树木为次级目标树,不纳入采伐木选取范围。目标树密度原则上控制在中龄林15～20株/亩,近熟林8～10株/亩,要求分布相对均匀,冠幅互不交叉干扰。

对于马尾松人工林,采取以目标树选择与培育为核心的目标树单株经营技术,是高效培育大径级用材的重要技术途径,对提高生产效率、充分发挥森林多种效益具有重要意义。结合项目区马尾松林地实际状况,选择林分中具备良好的用材林木特征、生活力较强、树冠发育良好、林木健康、无损伤的特优木和优势木作为目标树并标记(图6.14)。

图6.14　选择并标记目标树

(3)采伐木的选择

通过采伐林木,为目标树树冠发育腾出空间,促进目标树和保留木生长(图6.15)。

图6.15　目标树生长空间释放(左:干扰树伐除前;右:干扰树伐除后)

采伐应首先选取枯立木、濒死木、倒伏木、受害木和长势不良的林木作为采伐木;其次选取对目标树树冠已经产生较大影响、较大干扰的林木;郁闭度仍然没有达到作业设计要求,仍需增加林下透光的,在被压木中选取部分林木作为采伐木。采伐后保留的林木分布应相对均匀,不能人为造成新的林窗。

保留林地中栎类、杉木等具有培养价值的林木或幼树;保留林地中含笑花、山樱桃、枫香树等能够为野生动物提供蜜源、食源、筑巢地或能够有效改良土壤的辅助树种;保留一定比例灌木,若灌木影响更新造林的,对其进行短截或修枝处理(图6.16)。

图 6.16 保留林下幼苗

(4)保留木的选择与标记

①保留木技术要求。

作业区主要树种为马尾松,原则上要求优先保留胸径 30 厘米以上、树干通直且健康的马尾松林木,特殊地块具有生态价值、风景价值的马尾松林木也应保留。尽量保留栎类、樟、楠木、枫香树等阔叶树种。

②保留木选择。

保留木选取原则:首先考虑对采伐带的生态作用,其次为景观作用,再考虑林木自身的经济价值。优先选取生长势好、干形好、大径级的阔叶树优株作为保留木,其次为杉木和马尾松等针叶树优株。所有保留木必须健康无病虫害,分布相对均匀(图6.17)。每亩保留的优株控制在 10 株左右。

③保留木标记。

采用红色油漆在保留木胸高位置(1.3 米处)做环状标记,标记清晰可辨。在

采伐带内,未被标记的林木视作采伐木。

图 6.17　保留阔叶乔木(珍贵阔叶树种)

(5)改培带边界标记

①控制指标。

改培带原则上宽度 30 米(不超过林分平均树高的 2 倍),具体按照作业设计小班要求来定,现地可根据地形、土壤厚度等因子做适当调整。

②边界标记。

根据设计图纸现场定位采伐带两边边界,两边同时平行向前推进。对处于边界的乔木在树干上标注醒目箭头符号,标记采伐边界,同时指引改培带边界走向。

改培带边界用醒目标记材料沿线标记,将整个小班采伐带围起来,以明确采伐带范围(图 6.18)。

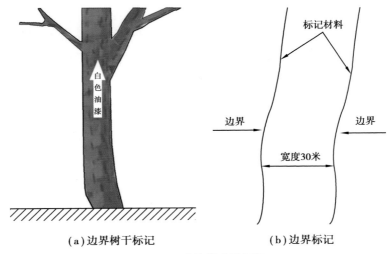

(a)边界树干标记　　　　　(b)边界标记

图 6.18　改培带边界标记

6.4.2　松材线虫病防治与马尾松疫木处置措施

1）总体要求

坚持"预防为主、治理为要、监管为重"的防治理念,按照重点拔除、逐步压缩、全面控制的目标要求,实行分区分级管理、科学精准施策,以疫情监测、疫源管控、疫情除治为重。控制增量,消减存量,有效遏制疫情严重发生和快速扩散势头。科学制订防治方案,合理选择相应防治技术措施。鼓励因地制宜创新防治技术措施(疫木除害处理措施除外),经重庆市林业主管部门论证确认后试点推广,并报国家林业和草原局备案。

疫区疫情防治必须坚持政府主导、属地管理、突出重点、分类施策的原则,乡镇、村屯等基层组织在疫情除治过程中应当做好当地群众的协调工作,确保疫情除治和疫木处置的顺利开展。疫木采伐坚持现有监管能力和除害处理能力决定疫木采伐量的原则,采取先封后伐的策略开展疫木采伐工作。采伐的疫木坚持先粉碎处理再运出采伐山场的原则,对确须将原木运出采伐山场再处理或安全利用的,必须坚持就地就近、安全可靠、稳妥有效的原则。

2）疫情防治

（1）防治策略

松材线虫病防治坚持科学、精准、系统的治理理念,实施以清理病死(濒死、枯死)松树为核心,以疫木源头管控为根本,以媒介昆虫防治、打孔注药等为辅助的综合防治策略。

（2）制订防治方案

县级疫情发生区的松材线虫病防治方案由县级人民政府组织制订,报重庆市林业主管部门审定后组织实施。各地可依据审定的防治方案,同步办理林木采伐许可证。

区(县)级疫情发生区应当根据重庆市松材线虫病防治方案或者总体规划,结合本区(县)级行政区松材线虫病发生危害情况,以及森林资源、地理位置、林分用途等情况,科学制订防治方案。

防治方案实施前,区(县)级林业和草原主管部门应当根据防治方案组织编制作业设计。作业设计要将防治范围、面积、技术措施和施工作业量落实到小班,并绘制发生分布图、施工作业图表和文字说明等。

3)疫木除治技术及要求

疫木采伐、除治要严格遵守《松材线虫病疫区和疫木管理办法》和《国家林业和草原局关于科学防治松材线虫病疫情的指导意见》及有关规定。针对改培试点范围内保留带,采用航空遥感技术与地面人工结合的调查方式,全面开展松材线虫病监测防治工作。坚持以疫木清理为核心的综合防治技术路线,严格执行疫情除治各项技术规定,全面清理病死(枯死、濒死)松树,辅以打孔注药等措施防治媒介昆虫松褐天牛,同时加强检疫封锁,强化疫木源头管理,严防疫木流失,严控疫情扩散,确保防治成效。

(1)伐桩处理

伐桩中可能含有松材线虫和松褐天牛幼虫,是松材线虫病重要侵染源之一,因此伐桩高度不得超过5厘米。

①覆膜处理。

适用范围:处理期间气温达到药物熏蒸所需温度的地区,原则上重点生态区域禁止使用。

作业方式:剥去伐桩树皮,在伐桩上放置磷化铝片1~2粒,用0.10毫米以上厚度的塑料薄膜覆盖,绑紧后用土将塑料薄膜四周压实。

②钢丝网罩处理。

适用范围:所有疫情发生区。

作业方式:使用钢丝直径≥0.12毫米,网目数≥20目的锻压钢丝网罩覆盖伐桩,并将钢丝网罩严密固定在伐桩上。

③剥皮处理。

适用范围:伐桩内无媒介昆虫分布或分布极少的重型疫区,以及伐桩内无媒介昆虫分布的轻型疫区。在科学试验验证的前提下,经重庆市林业主管部门同意后实施,报国家林业和草原局备案。

作业方式:剥去伐桩树皮(图6.19)。

图6.19 马尾松伐桩剥皮处理

（2）疫木运输

协调改培试点区公安局、交通局等单位,确定合理的运输线路,开辟绿色通道,营造良好的交通运输环境,提高安全运输效率。由改培试点区林业局审核后办理特别临时通行证,证件需载明运输车辆、人员、运程及货物信息,实际运输行为须与证载信息完全一致。

建立重庆国家储备林木材加工智慧管理系统,利用现代物联网、移动互联网和人工智能等技术,建设覆盖采伐、处理、运输、加工、仓储和销售的一体化管理平台（图6.20）,具备全过程的轨迹监控、运输统计、收货统计、装车记录、运单管理等功能。实现林木生产经营信息化、过程可视化、管理智能化并设立以下制度。

图6.20 木材运输管理平台（移动端和PC端）

①运输专员制。

组织运输单位开展疫木运输工作,选聘运输专员,根据设计要求组织开展运输工作。

②运输专车制。

运输专车需安装车辆定位器、行车记录仪及货厢监控器,对用车环节及木材装车、运输、卸货环节实行全程监控,确保疫木在运输过程中与外界环境相对隔绝（图

6.21）。车辆在参与疫木运输工作期间不得参与其他货物的运输工作。

图6.21　木材运输运单详情

③入库专人制。

落实入库专人。疫木运输到指定处置地后，落实入库人，负责入库监管。

④运输台账制。

建立运输台账，重庆林投公司驻现场代表和监理单位、区森防站、专业采伐队负责人，负责于伐区现场清点装车的疫木，核对后多方代表签字确认。疫木运输到定点加工厂区后，由区森防站和疫木处置点入库专员确认木材到货量，确保到货量与运载量一致（图6.22）。

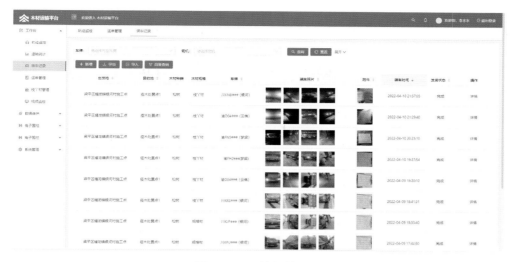

图6.22　运输订单记录

⑤全程闭环监控。

疫木运输全过程中,由摄像头记录全程影像,GPS记录定位信息及运输轨迹 (图 6.23),疫木加工利用监管系统记录疫木运载专车、专员及载货量信息,疫木处置点设置全区域监控,结合运输全程监控,确保疫木伐除、运输到入库、处置、形成产品的全过程的严格闭环监控(图 6.24)。

图6.23　木材运输车辆轨迹监控

(3)疫木处理与利用

头径(直径)<3 厘米的马尾松木材,就地集中粉碎。

尾径(直径)在 3 ~ 10 厘米的马尾松木材,集中装车运输至木材处理厂进行

粉碎。

尾径(直径)≥10厘米的马尾松木材,根据就曲取直的原则进行规格制材后集中装车运输至木材处理厂进行旋切后加工成板材。

图6.24　手机 App 实时监控运输车辆

①就地粉碎处理。

适用范围:适用于所有区域,尾径(直径)<3厘米的马尾松木材(图6.25)。

作业要求:就地就近使用粉碎机对直径在3厘米以内的枝丫进行粉碎,粉碎物粒径不超过1厘米。疫木粉碎处理进行全过程监管。对集中除治和皆伐清理的疫木采取粉碎处理措施的,仅限在媒介昆虫松褐天牛非羽化期内进行,确保搬运过程中疫木不流失、不遗落。

图6.25　就地粉碎马尾松枝丫

②加工处置点粉碎处理。

适用范围:适用于所有区域,尾径(直径)在 3 ~ 10 厘米的马尾松木材(图 6.26)。

作业要求:对马尾松木材集中装车运输至木材处理厂进行粉碎,粉碎物粒径不超过 1 厘米,疫木粉碎处理进行全过程监管。

图6.26　加工处置点粉碎马尾松枝丫

③疫木旋切加工利用。

适用范围:适用于特定加工处置点,尾径(直径)>10厘米的马尾松木材。

作业标准:定点加工企业必须按照资质许可的范围加工除害处理,除害处理技术指标严格参照《松材线虫病疫木处理技术规范》(GB/T 23477—2009)和《松材线虫病发生区 松木包装材料 处理和管理》(GB/T 20476—2006)执行。

作业要求:仅限在媒介昆虫非羽化期内进行,确保搬运过程中疫木不流失、不遗落。在疫区内就近选择集中处理点,松木与其他木材要分类加工,加工后的半成品及时进入规定区域,不得混放;旋切片厂的旋切单板厚度不得超过0.30厘米;其他切片厚度不得超过0.60厘米;采用热处理和变性处理确保完全杀死松褐天牛和松材线虫后,加工成建筑模板、纤维板、胶合板等生态面板。木芯和边角料等剩余物必须及时粉碎或烧毁、碳化处理,并进行全过程视频监督。

疫木加工除害处理必须在林业部门规定的安全期内(松褐天牛非羽化期)进行,逾期未能加工完的疫木必须在视频监督下组织销毁或应急药物除害处理,并对场地进行全面清理和消杀(包括加工剩余物)(图6.27至图6.29)。

图6.27　马尾松疫木加工生产线

图6.28　马尾松疫木旋切热处理加工生产线

图6.29　马尾松疫木加工成品

作业工艺：疫木旋切热处理加工生态面板分为多层板和细木工板，主要工艺流程如下。

a. 多层板加工工艺：原料→旋切→干燥→涂胶→拼基板→冷压→热压→刮灰→砂光→涂胶→贴面皮→冷压→热压（80 ℃）→刮灰→砂光→涂胶→贴生态面皮→热压→锯边→质检→入库→销售。

b. 细木工板加工工艺:原料→加工木方→干燥→加规格木方→断木方→涂胶→拼板→热压→刮灰→砂光→涂胶→贴木皮→冷压→热压(110℃)→刮灰→砂光→涂胶→贴生态面皮→热压→锯边→质检→入库→销售。

④钢丝网罩处理。

适用范围:山高坡陡、道路不通、人迹罕至,且不具备粉碎(削片)、旋切、烧毁等除害处理条件的疫情除治区域。

作业要求:使用钢丝直径≥0.12毫米,网目数≥20目的锻压,钢丝网罩严密包裹采伐清理的疫木及直径超过1厘米的枝丫,并进行锁边。

⑤除治标识。

除治区域可设置除治标识,内容包括除治地点、除治面积和株数、除治方式、作业单位、监督电话等信息。

⑥除治数据采集上报。

应用"林草生态网络感知系统松材线虫病疫情防治监管平台"及其移动端监测 App 采集并上报疫木除治数量。

(4)疫木除治管理

疫木除治要坚持"从外向内"的原则。要从边界开始向内除治,同时要分清边界上的枯死木除治责任。建立疫木运输台账,装车、下车要做好登记,车上要安装监控,疫木实行全过程现场监管,确保疫木运输、加工安全。

当天除治的疫木应当天运送至加工场地,不得堆放在山场,如因特殊情况不能运完的,应派专人值守。加强对周边群众的宣传,不得将疫木带出加工场地。加强对除治队伍的教育和管理,不得将疫木藏在林间。

4)疫木处置监管

疫木采伐利用实行全过程监管。从采伐作业人员进山开始到疫木清理结束,疫木从采伐、运输、到达加工点、加工利用、加工后的产品出厂等各个环节,全过程采用电子监控,重点环节实行监管员跟踪。

6.4.3　改培试点成效验收

1）松材线虫病防治成效检查

根据各年度采伐及改培面积,检查作业区松材线虫病发生、媒介昆虫防治、山场除治、疫木监管、检疫封锁等情况,开展县级(业主)自查、市级复查,采取现场和内业相结合的方式进行防治成效检查。

2）采伐作业检查

（1）伐区设计检查

结合森林督查等对伐区设计质量进行抽查。检查内容包括审核全部内外业资料;现场核对作业区、小班区划是否合理,标志和界线是否清楚、齐全、准确;林分因子调查方法是否符合相关规程、规范及标准等。

（2）伐区作业检查

对采伐方式与质量、伐区清理方式与质量、林木采伐对环境的影响、伐区采伐剩余物的利用等情况进行检查。

3）更新造林验收

（1）核实造林面积

以作业设计小班为单位,逐个进行现场面积核实。造林作业面积应扣除单块面积 100 平方米以上的建筑物、水域、道路(宽度大于株行距的道路)、裸岩、老林子等未施工面积。

（2）调查造林成活率、保存率

造林 2 年内的,以面积、造林成活率评价造林成效,造林成活率不低于 90% 为合格;造林 3 年及以上的,以面积、株数保存率达到 85% 以上或郁闭度达到 0.20 以上作为主要评价指标,评价改培试点工作成效。

（3）调查管护情况

重点调查是否对缺窝死苗进行补植,是否开展常年巡护,是否人畜损毁苗木,是否开展松土除草,是否合理施肥,是否及时浇水排水,苗木是否遭受病虫害等。

6.5　效益评价

6.5.1　经济效益

据调查测算,试点区林木采伐、疫木处置和造林更新等工作共需投入约 5 790 万元。试点区通过森林改培,采用择伐、间伐、卫生伐和局部皆伐等方式,采伐木材 6 万立方米,可出规格材约 3.30 万立方米,非规格材约 0.78 万立方米,采伐林木木材经济价值约 1 500 万元。试点工作的经济效益主要表现在两方面:一是节约防治经费,梁平区 2019 年、2020 年两年平均除治费用 313 元/亩,按 5 年防治计划计算,将节约防治经费 3 130 万元;二是通过改培实现木材增值。试点区带状改培面积 4 800 亩,按 20 年后每亩出材 8 立方米,木材平均 2 400 元/立方米毛收入计算,木材价值约 9 200 万元;保留带面积 1.52 万亩,培育后按每亩出材 10 立方米,马尾松木材平均 500 元/立方米的毛收入计算,木材价值达到 7 600 万元。扣除改培投资、采伐成本约 10 000 万元,预计总收入 6 800 万元,其中通过试点改培提高的经济收入约 4 700 万元,约 2 350 元/亩。

6.5.2　生态效益

通过试点建设,将现有马尾松纯林逐步培育成为复层异龄混交林,林分结构得到改善,生物多样性更加丰富,森林生态功能、生态系统稳定性、碳储量和碳汇能力逐步增强。同时有效缓解地表径流,减轻土壤侵蚀程度,增加土壤肥力,从而达到调节大气、净化空气、固碳、增加地表植被盖度、提高土地生产力的效果。有助于恢复和改善生态环境,促进生态系统良性循环;有效控制松材线虫病发生危害,增加森林抵御病虫害的能力;提高单位面积林地的蓄水、保土、涵养水源能力,提升抵御自然灾害的能力,有效减轻洪涝、泥石流、干旱、滑坡、崩塌、风灾等自然灾害影响。据初步估算,经改培的森林逐步形成优良林分,每亩平均林木生长量可在原基础上提高约 7 立方米,按 30 年生产经营周期计,2 万亩森林累计可增加活立木蓄积量

14万立方米。据此估算,2万亩优质高效森林可涵养水源量约525万立方米、固土总量约3.90万吨、固碳量约0.27万吨、每年释氧量约1.33万吨,同时具备提供负氧离子、吸收SO_2污染物等功能,生态效益显著。

6.5.3 社会效益

试点区结合国家储备林推进试点工作,依托农村"三变"改革建立完善利益联结机制,通过林地流转、就近就业、林木采伐分成、产业带动地方经济发展等路径,为当地林农带来稳定收益,致富林农群众,助力乡村振兴。试点工作的社会效益主要表现在四个方面:一是林地流转,林农按照"依法、有偿、自愿"原则,将承包的集体林地委托给村集体经济组织统一流转到重庆林投公司获取收益,实现流转林地农民的长期稳定收益,同时增加农村集体经济组织收入。二是就近就业,重庆林投公司实施作业优先聘用当地群众用工。试点工作按人工费4 000万元测算,建设期可带动约2 200人次就业。三是采伐分成,林木采伐时,重庆林投公司向农户支付采伐分成,按两次采伐量25万立方米计,采伐分成将达到1 250万元。四是产业带动,通过发展特色林下经济、木材及制品加工、生态旅游、森林康养等,丰富乡村经济业态,实现一、二、三产业融合发展,把产业链主体留在试点区,让林农更多分享产业增值收益。试点工作既可降低松材线虫病、森林火灾发生风险,又美化了乡村环境,是惠民增收助力乡村振兴的重要抓手,社会效益显著。

6.5.4 综合效益

为充分发挥林业作用、贡献林业力量,积极推进筑牢长江上游重要生态屏障,加快建设山清水秀美丽之地,实现碳达峰、碳中和目标,重庆市计划用三个"五年规划"对全市5 000多万亩乔木林实行森林经营,通过森林抚育、退化林修复、现有林改培等森林经营措施精准提升森林质量,其中马尾松林约2 500万亩。建设松材线虫病防治与马尾松林改培试点对于促进马尾松林质量提升具有划时代的意义,将本试点形成可复制、可推广的经验用于重庆市马尾松现有林改培,质量提升带来的直接经济效益平均按100元/亩·年计,20年仅松林提质增效一项潜在收益就达500亿元,节约松材线虫病除治经费按全市2亿元/年计,20年将节约经费40亿

元。同时通过改培将全面提升现有林分质量,提高森林经营水平,增强松林抵御灾害能力,增加优质珍贵森林特别是大径级资源储备,提升森林的综合功能和效益,促进自然资本增值,对维护三峡库区生态安全和国家木材安全具有重要意义。

第7章 森林经营试点

为快速提升重庆国家储备林森林质量,重庆林投公司于2021年在国家储备林建设重点区县重庆市南川区乐村林场开展了人工杉木中径材培育、人工落叶松低产林改培、人工华山松带状改培、人工柳杉大径材培育、天然阔叶次生林改培5种森林经营模式试点工作。

7.1 自然地理概况

南川区介于东经106°54′~107°27′,北纬28°46′~29°30′之间,地处重庆市南部,位于四川盆地与云贵高原过渡地带,地貌具有两者的特点。以山地为主,海拔500~1 800米,境内地势南高北低,呈狭长带状分布。属亚热带湿润季风气候,四季分明,气候温和,雨量充沛,无霜期长,年均气温16.50 ℃,年平均日照时数1 273小时,年均降雨量1 185毫米。

乐村林场位于南川区东部的水江镇南侧,东临武隆铁矿、白云二乡,南接贵州省道真县,西、北与水江镇相望。项目试点作业实施地块位于乐村林场北部,坡度15°~35°,海拔1 200~1 800米,全部处于中山的中、上坡位;土壤母质为石灰岩,土壤类型全部为山地黄壤,土层厚度在40~60厘米。

7.2 建设目标与原则

7.2.1 建设目标

试点工作以习近平新时代中国特色社会主义思想为指导,深入贯彻党的十九大和十九届二中、三中、四中全会精神,坚定贯彻"共抓大保护、不搞大开发"方针,以可持续发展理念为根本遵循,以提高森林质量为根本目的,以森林多功能经营、分类经营理论为指导,以模拟林分自然过程为准则,以培育稳定健康的森林生态系统为目标,坚持生态优先,实事求是,科学经营,为深入推动长江经济带发展,加快建设山清水秀美丽之地进行积极探索。

1)总体目标

通过全过程科学指导乐村林场开展森林经营试点工作,在理论方法、技术标准、管理机制等方面开展探索研究,总结适宜乐村林场的森林资源的经营模式,将林场建成重庆市范围内具有示范和推广价值的森林经营示范点。

2)具体目标

一是根据乐村林场森林经营方案确定试点实施任务,按照以人工林为主、集中连片、规模经营的原则,确定试点地块;二是科学合理确定试点地块的经营模式、方法措施,全过程规划和指导各类经营活动。

7.2.2 建设原则

1)坚持生态优先

应尊重自然规律,生态保护优先,严格避免在重庆市国家级自然保护区、国家

级公益林或一级保护林地等范围内开展试点。

2）坚持规划引领

应与国家、市级森林经营规划和乐村林场森林经营方案内容协调一致,采用的作业设计、经营类型、措施类型、成效监测方式符合经营任务整体要求。

3）发挥集中优势

选择相对集中连片、具有规模优势的区域,优先选择交通条件便利、便于示范宣传、具有经营潜力的地块,以便于开展抚育设计、施工、成效监测和检查验收。

4）加强分类经营

根据乐村林场资源情况,选择有代表性的松类、杉类、乡土阔叶树种等树种为经营目标,并充分结合森林康养的需要,重点选择人工起源的林分作为经营对象。

5）有机结合国家储备林建设

以国家储备林建设为载体,通过试点营造和培育以鹅掌楸、枫香树、杉木、柳杉为主的中大径级和珍贵树种用材林,增加森林资源储备,提高森林经营水平和林地生产力,推动森林资源培育转型升级、提质增效,实现林业生态经济可持续发展。

7.3 建设内容

乐村林场森林经营试点实施规模为 680.40 亩,共 7 个地块(表 7.1)。针对实施地块不同的林分起源、林分结构、立地条件,确定不同的培育目标,并依据森林经营类型组织原则与经营措施类型,将试点区域划分为 5 种森林经营模式。

表 7.1　森林经营试点实施规模

序号	经营模式(类型)	设计地块数量	作业面积(亩)
1	人工杉木中径材培育	1	62.60
2	人工落叶松低产林改培	2	217.30
3	人工华山松带状改培	2	137.90
4	人工柳杉大径材培育	1	119.30
5	天然阔叶次生林改培	1	143.30
6	合计	7	680.40

7.3.1　人工杉木中径材培育

1)林分现状

人工杉木林,林种为用材林,龄组为中龄林。平均树高 7~8 米,林分平均胸径 12~14 厘米,株数密度 150~190 株/亩,郁闭度在 0.80 以上,每亩蓄积 8.00~8.67 立方米。

2)林分特点

树种单一,抗灾害能力弱;密度过大,超出径阶合理株数密度(100~120 株/亩);海拔较高,超出杉木大径材培育适宜海拔范围(200~800 米)。

3)培育目标

培育杉木—鹅掌楸针阔混交林。杉木以中径材培育为主,鹅掌楸以大径材培育为目标,兼顾短期与长期的经济效益(图 7.1)。

4)经营措施

根据林分状况及经营模式等进行生长伐、松材线虫病防治、整枝、补植、施肥、割灌除草等管护措施。

（a）改培前

（b）改培后

图7.1 人工杉木中径材培育

5）作业方式

（1）生长伐

全面实施生长伐,伐后林分郁闭度不低于0.60,采伐株数强度在30%左右,蓄积强度在15%左右,对其中少量的马尾松全部采伐,保留密度115株/亩左右;平均胸径高于采伐前平均胸径;原则上不形成林窗、林中空地等。

①标记保留木与采伐木。进行林木分级,标记保留木和采伐木。Ⅰ级木、Ⅱ级木数量不减少;伐除Ⅳ级、Ⅴ级木以及零星马尾松。实际操作时大致按保留木和采伐木株数 3∶1 的比例,根据具体情况进行分级和标记。

②林木采伐。依据地形地势和公路位置,选择有利于伐木、造材、集材和迹地清理的方向为伐木倒向,应避免出现搭挂、砸伤邻近保留木,避开有可能造成采伐木树干受损、折断的方向。

③采伐剩余物。伐后要及时将可利用的杉木木材运走,同时清理杉木采伐剩余物,可运出或平铺在林内。

(2)松材线虫病防治

对伐除的马尾松枯死木等,按照疫区和疫木有关要求进行除害处理,枯死马尾松应就地、就近焚烧或粉碎处理,处理过程进行拍照记录并存档备查。具体防治措施参照第 6 章松材线虫病防治与马尾松疫木处置措施进行。

(3)修枝

采伐作业结束后立即修枝,修去枯死枝。修枝后保留冠长不低于树高的 1/2,枝桩尽量修平,剪口不能伤害树干的韧皮部和木质部。

(4)割灌除草

全面清理杉木萌条;采用带状方式割灌除草,割灌除草区的宽度控制在 1~2 米范围内;全面砍伐胸径 5 厘米以下林木,全面清除杂灌、杂草等,要求杂灌、杂竹等伐根不高于 10 厘米。注意保护补植的阔叶幼苗。

(5)补植鹅掌楸

采用见缝补阔,不设置具体的株行距,对林分中能够栽植的区域进行均匀补植或块状补植,平均每亩 25 株。实际操作时,根据每亩 25 株栽植密度推算,株行距为 5 米×5 米左右。在郁闭度较大、林窗较小的情况下,可适当减少栽植株数;在林窗较大的情况下,可适当增加栽植株数,株行距可调整为 3 米×3 米左右;如挖穴位置为林中空窗,水平距离距四周大树至少 2 米。

补植时选用Ⅱ级以上苗木,裸根移植苗,苗龄 2-1,地径≥1 厘米,苗高≥1 米,根系完整,须根发达,色泽正常,充分木质化,无机械损伤。

(6)施肥

对杉木和补植的鹅掌楸进行环状或点状施肥后用土壤覆盖。

7.3.2 人工落叶松低产林改培

1）林分现状

现有林分为发生检疫性林业有害生物的林分。原为针阔混交林,针叶树种为日本落叶松、杉木等,起源为人工林;阔叶树种为盐麸木(盐肤木)、喜树等软阔,林木起源为天然更新。

2019年乐村林场已对日本落叶松病虫害木实施采伐,伐除小班内日本落叶松后,现有林分郁闭度为0.50左右,林分中天窗较多;采伐后,阔叶树占优势,由于海拔较高及大风天数较多影响,盐麸木、喜树等树种材质差,树干弯曲,无培养前途;保留的针叶树种为杉木,平均树龄约30年左右,长势较差,结疤较多,已失去培养大中径用材林前途。

2）林分特点

遭受病虫害严重,林相残次;缺少有培育前途目标树种;位于公路沿线,景观价值待提升。

3）培育目标

培育枫香树—鹅掌楸阔叶混交林。选择彩色树种和珍贵用材树种搭配,兼顾用材培育与景观价值(图7.2)。

图7.2 人工落叶松低产林改培

4）经营措施

根据林分状况及经营模式等进行更替改造、割灌除草、施肥等管护措施。

5）作业方式

（1）更替改造

进行块状改造，全部伐除小班内的林木，并进行清林，沿山脊线设保留带。根据自然地形，营造枫香树—鹅掌楸块状混交林，混交比为 2∶1，垂直等高线带状混交，交错平行排列。枫香树带宽 60 米，每带 20 行；鹅掌楸带宽 30 米，每带 10 行，株行距均为 3 米×3 米。

营造林选用 Ⅱ 级以上苗木。枫香树选用裸根移植苗，苗龄 2-1，地径≥2 厘米、苗高≥1 米，根系完整，须根发达，色泽正常，充分木质化，无机械损伤。鹅掌楸选用裸根移植苗，苗龄 2-1，地径≥1 厘米，苗高≥1 米。

（2）松材线虫病防治

按照人工杉木中径材培育模式中的相关处置办法进行。

（3）割灌除草

全面清理杉木萌条，采用带状方式割灌除草，割灌除草区的宽度控制在 1～2 米范围内；全面砍伐胸径 5 厘米以下林木，全面清除杂灌、杂草等，要求杂灌、杂竹等伐桩不高于 10 厘米，注意保护更新的幼苗。

（4）施肥

采用施肥器进行环状或点状施肥后用土壤覆盖。

7.3.3　人工华山松带状改培

1）林分现状

林分为人工针阔混交林，林种为用材林，林龄为成熟林，优势树种为华山松，林分平均树高 9～13 米，平均胸径 17～20 厘米，郁闭度 0.80 左右。每亩蓄积 13.33～15.00 立方米，林相整齐。阔叶树以硬阔树种为主。

2）林分特点

林分以松类成熟林为主,存在松材线虫疫情隐患,需要对树种改造更新;位于公路沿线,景观价值待提升。

3）培育目标

培育华山松—枫香树针阔混交林。选择彩色树种进行带状改培,提高森林系统功能稳定,兼顾用材培育与景观价值。

4）经营措施

根据林分状况及经营模式等进行带状皆伐、松材线虫病防治、更新造林、施肥、割灌除草等管护措施。

5）作业方式

（1）带状皆伐

采伐带宽度 30 米,沿等高线布设,保留带宽度不少于 60 米,与采伐带交错平行排列。采伐带平均坡度控制在 35°以下。

（2）松材线虫病疫防治

采伐的华山松、马尾松等枯死松木就地、就近焚烧或粉碎处理,采伐的健康活立木采取削片（旋切）处理,剩余物就地、就近焚烧。处理应当全过程进行拍照记录并存档备查。

（3）更新造林

在皆伐带更新营造枫香树阔叶树,株行距 3 米×3 米,两侧苗木距离皆伐带边界 1.50 米,每带栽植 10 行苗木。

营造林选用Ⅱ级以上苗木。枫香树采用裸根移植苗,苗龄 2-1,地径≥2 厘米,苗高≥1 米,根系完整,须根发达,色泽正常,充分木质化,无机械损伤。

（4）割灌除草

全面清除作业带内杉木萌条、杂灌、杂草等,乔木、杂灌、杂竹等伐桩不高于 10 厘米,注意保护更新的幼苗。

（5）施肥

采用施肥器进行环状或点状施肥后用土壤覆盖。

7.3.4　人工柳杉大径材培育

1）**林分现状**

林分为柳杉人工纯林，林种为用材林，林龄为成熟林，林分平均树高 15 米左右，平均胸径 28 厘米左右，郁闭度 0.80。每亩蓄积约为 16.67 立方米，每亩株数为 60～67 株。林分内有少量天然阔叶树枫香树和针叶树马尾松分布。

2）**林分特点**

林分株数过密，超出该径阶合理株数密度（47～50 株/亩）；林木高径比相对较大，林分内风折、雪压木较多；林分属同龄林，幼树、幼苗更新差；位于公路沿线、近邻康养区，森林游憩价值潜力大。

3）**培育目标**

培育柳杉大径材异龄林。人工促进柳杉自然更新，持续培育大径材，结合步道基础设施建设，兼顾用材培育与森林康养价值。

4）**经营措施**

根据林分状况及经营模式等进行择伐、松材线虫病防治等管护措施。

5）**作业方式**

（1）择伐

伐后林分郁闭度不低于 0.60，株数采伐强度在 20% 左右，蓄积采伐强度在 15% 左右，保留木为每亩 50 株左右；平均胸径不低于采伐前平均胸径；不造成林窗、林中空地等。

①培育柳杉大径材。首先确定保留木，将能达到下次采伐标准的优良林木保留下来，再确定采伐木。对其中少量的马尾松全部采伐；对有培养前途的枫香树等阔叶树予以保留。实际操作时，大致按保留木和采伐木 4∶1 的比例，根据具体情

况进行标记。

②林木采伐。依据地形地势和公路位置,选择有利于伐木、造材、集材和迹地清理的方向为伐木倒向,应避免出现搭挂、砸伤邻近保留木,避开有可能造成采伐木树干受损、折断的方向。

③采伐剩余物。伐后要及时将可利用的木材运走,同时清理采伐剩余物,可将其运出或平铺在林内。

(2)松材线虫病防治

按照人工杉木中径材培育模式中的相关处置办法进行。

7.3.5 天然阔叶次生林改培

1)林分现状

林分为天然阔叶次生林,林种为用材林,主要树种为硬阔类,林分平均树高8~10米,平均胸径10~12厘米,郁闭度0.15左右,林内天窗较多,林相较差,林下分布有杜鹃和黄杨等灌木。

2)林分特点

遭受人为破坏严重,林相残次,已退化为疏林地;缺少天然母树林及有培育前途目标树种;海拔较高,立地条件较差,自然恢复缓慢。

3)培育目标

人工促进天然次生林二次建群,形成稳定的竹—阔(厚朴—金佛山方竹—木荷)混交林,兼顾经济、用材与景观价值。

4)经营措施

根据林分状况及经营模式等进行割灌除草、补植、施肥等管护措施。

5)作业方式

(1)割灌除草

采用块状方式割灌,林下杜鹃和黄杨等灌木予以保留。采用块状方式时,割灌区以树木为中心,采用边长 1.00 ~ 1.50 米的正方形或半径 0.50 ~ 1.00 米的圆形为清除范围。

(2)除草

分为斩草和铲草,斩草是将造林前的清林范围内所有杂灌杂草地上部分清理干净,可使用割灌机提高工效;铲草是苗木幼年期抚育的必要手段,在施工带内或团内,将新造苗木涉及范围内的新生灌木、竹子、杂草清理干净,深度达到土层 1 ~ 2 厘米,一般要求直径达到 1.20 ~ 1.50 米。

(3)补植

结合森林康养,借鉴本地造林模式,栽植厚朴与金佛山方竹混交林,混交比 1 : 5,补植彩叶树和复轴混生竹,改造林相。

①采用长方形配置,穴状整地,40 厘米×40 厘米×40 厘米,每亩约 90 株,株行距 2 米×3 米。

②苗木质量。厚朴选用裸根移植苗,苗龄 2-1,地径 ≥1 厘米,苗高 80 厘米,根系完整,须根发达,色泽正常,充分木质化,无机械损伤。金佛山方竹选用容器苗,苗龄 1-0,地径 ≥0.30 厘米,苗高 ≥30 厘米,每丛不少于 3 株,色泽正常,充分木质化,无病虫害。

③栽植。初次植苗 30 天内进行补植,成活率保障在 90% 以上。

(4)施肥

采用施肥器进行环状或点状施肥后用土壤覆盖。实施过程中如遇苗木没有成活的,应进行补植补造,再完成抚育施肥工作。

第8章 林下经济项目试点

8.1 城口县林下种植天麻试点

天麻为兰科天麻属多年生寄生草本,黄赤色,肉质长圆形,常年以块茎潜居于土中。生于海拔 1 200～1 800 米的林下阴湿、腐殖质较厚的地方。天麻作为一种较名贵的中药材,具有息风止痉、平抑肝阳、祛风通络等功效,常用于小儿惊风、癫痫抽搐、破伤风、头痛眩晕、手足不遂、肢体麻木、风湿痹痛等。可药用、食用,应用历史悠久,有较高的经济效益。

重庆国家储备林林下种植天麻试点位于城口县。城口县森林覆盖率65.30%,生态环境综合指数和县城空气环境质量优良天数长期位居重庆市第一,是国家重点生态功能区、国家生态文明先行示范区、全国生物多样性保护重点区域,也是全国首批国家级生态原产地产品保护示范区。城口县城区总体生态环境好,森林资源丰富,具有发展中草药产业的优势。为提高重庆国家储备林林地经济效益,2021年重庆林投公司在城口县仁河林场开展林下种植天麻试点(图8.1),目前试点工作已取得初步成效。

图 8.1　林下种植天麻

8.1.1　自然地理概况

城口县地处大巴山南麓,位于长江上游地区、重庆东北部,介于东经 108°15′ ~ 109°16′,北纬 31°37′ ~ 32°12′之间。境内沟壑纵横,地形地貌复杂。海拔 600 ~ 2 000 米,地表水系发育,河网密布。属亚热带季风气候区,由于山高谷深,高差大,具有山区立体气候的特征,气候温和,雨量充沛,日照较足,四季分明,冬长夏短,年均气温 13.80 ℃,平均无霜期 234 天,年平均日照时数 1 534 小时,年均降雨量 1 261.40 毫米,降水由西南向东北呈减少趋势。

8.1.2　建设内容

1)林地选择原则

选择阔叶林、针阔混交林、灌木林,郁闭度以 0.30 ~ 0.50 为宜;选择未开垦林地,忌熟地及重茬栽培。以土层深厚、土质疏松、pH 值在 5.50 ~ 6.50 的地块为宜。以半阴半阳坡或阴坡、坡度 5° ~ 25°为宜。

2)菌材制备

菌种应选择与栽培品种亲和力好、优质,健壮、不老化的蜜环菌生产种(三级菌种)。

选择新采伐柞树、桦树等阔叶树作菌材。直径 5 ~ 10 厘米为宜,截成 40 ~ 60

厘米木段,树皮上每隔 3~5 厘米砍一个鱼鳞口,砍到木质部为宜,根据木段粗细砍 2~3 行,现砍现用。

3)栽培技术

试点区选用新鲜完整、无病害、无机械损伤的白麻做种麻,用种量 0.50~1.00 千克/平方米。

具体栽培方法:

①清除地面杂草,顺坡做床。床宽为 1.50~2.00 米,长度一般为 20 米,也可根据地形而定,步道沟宽 0.50 米,平整床面,土放到床的两边备用。

②床底薄撒一层 1 厘米左右新鲜阔叶树湿树叶。

③顺坡摆放蜜环菌菌棒,菌棒间距宜为 3~5 厘米。

④用松散的腐殖土填充棒间空隙,添至棒面略露出。

⑤在棒间和棒两端靠近菌棒摆放种麻,种麻顶芽朝上,间隔 10 厘米左右。

⑥撒放一层细短枝略盖住种麻和菌材层,用腐殖土覆盖在短枝层上,厚度为 2~3 厘米。

⑦上面盖一层 5 厘米左右的树叶保湿。

4)后期管理

①温度:生长季以 20~25 ℃为宜。气温过低应撤掉床上过厚的树叶,温度超过 28 ℃时,应覆盖树叶等降温。

②湿度:生长早期适宜湿度 40%~55%;中期适宜湿度 55%~65%;入冬前适宜湿度 40% 以下。旱时应及时浇水,雨季应及时排水防涝。

③病虫害防治:选择无杂菌感染的菌材和种麻,雨天及时排水,重点防治腐烂病。根据实际情况,可在栽培地周边、白蚁经常出没的地方喷洒敌百虫、乐果等,防范白蚁危害。

5)采收、包装与贮藏

①采收:宜在 10 月中旬天气晴朗时采挖。去掉床面覆盖物及培养料,取出菌材收取天麻;起麻时轻拿轻放,抖去泥土。

②包装与贮藏:按商品麻、种麻分类,一层细土一层天麻装箱。商品麻及时运

至加工厂;种麻 0 ~ 5 ℃沙藏保存。

8.1.3 效益分析

1)经济效益

城口县属大巴山区,林地面积大,发展林下经济是山区群众增收致富的重要途径。通过项目实施,预期产生直接经济效益 120 万元。通过精细管理,实现亩产生天麻 750 千克,每千克单价 120 元,亩产值 9 万元。通过示范推广至 200 亩,天麻产量 15 万千克,销售产值 1 800 万元。

2)生态效益

在林下仿野生种植天麻,通过整地、施肥等操作,增加了土壤透气性、含水量,改善了土壤理化结构,充分利用了林地空间及资源的同时,形成了合理的生物群落结构,发挥了物种间互惠互促作用。不仅将地区资源优势最大化,还实现了生态系统的良性循环。增加生态景观的同时,促进林下经济高质量发展,实现了森林资源的可持续发展利用。

3)社会效益

通过项目实施,直接带动 50 人就业,人均年务工收入 7 000 元(其中基地栽植管理 25 人,菌材采伐 25 人),示范推广将带动 400 人就业,创造更多就地、就近务工岗位,巩固脱贫攻坚成果同乡村振兴有效衔接。通过项目实施,探索出一条充分利用林下空间的富民产业,实现生态产业化、产业生态化的目标。

8.2 梁平区林下种植甜茶试点

甜茶,学名木姜叶柯,壳斗科柯属乔木,喜阳光,耐旱,高可达 20 米,在次生林

中生长良好,生长最高限约在海拔 2 200 米。嫩叶有甜味,居民用其叶作茶叶代品,通称甜茶。甜茶具有降血糖、抗过敏、抗氧化等多种功能,其营养丰富,于 2017 年被原国家卫计委批准为新食品原料。从甜茶中提取二氢查耳酮作为甜味素,可替代人工合成剂用于食品添加。嫩叶加工成甜茶,作为保健养生饮品,可开发颗粒功能茶、复合型袋泡茶、速溶茶等多类型的保健品、美容和抗衰老产品,市场前景广阔。

为发展重庆国家储备林林下经济,提高经济效益,重庆林投公司于 2022 年在梁平区东山林场开展林下种植甜茶试点(图 8.2)。目前已初步建成林下甜茶基地 1 500 亩,开发了茶叶、酵素、气泡水、气泡酒、白兰地等加工产品。

图 8.2 甜茶林下生长状况

8.2.1 自然地理概况

梁平区地处重庆市东北部,四川盆地东部平行岭谷区,介于东经 107°24′ ~ 108°05′,北纬 30°25′ ~ 30°53′之间,是巴渝第一大平坝,境内地势东高西低、北高南低。山高坡陡,沟壑纵深,海拔 350 ~ 1 221 米。属亚热带季风气候区,季风气候明显,四季分明,气候温和,雨量充沛,日照偏少;春季气温不稳定,初夏多阴雨,盛夏炎热多伏旱、洪涝,秋多绵雨,冬季暖和,无霜期较多,湿度大,云雾多,年平均气温17 ℃,年平均日照时数 1 270.70 小时。年均降雨量 1 291.90 毫米。沃野千里、碧田万顷。梁平区是国家生态保护与建设典型示范区、国际湿地提名城市,森林覆盖率达55% ,2021 年空气优良天数 336 天。

8.2.2 建设内容

1)林下种植

林下种植利用国家储备林或经改培的林下空地间隙套种甜茶的方式,套种应在林下间隙较大区域(图 8.3),栽种时应充分考虑后期抚育、修剪、采摘条件,以沿林区内交通道路便利、林下生产便道和基础设施完善的阳坡面种植为佳。林下混交种植在植株成树投产前,在林区生产管理允许的情况下每年进行除杂和追肥。

图 8.3 林下种植甜茶

2)林地条带化种植

选择土壤肥力较好、交通运输便利,海拔 300 ~ 1 200 米的林地经营区内,按约

30 米宽进行带状砍伐清林后进行种植。为便于后期采摘,以垂直于种植带的走向进行梯台式种植。

3)种植规格

林下种植甜茶,根据林木分布状况进行种植,种植穴离林木 1.50 米以上,林间空地可按 2.00 米×1.50 米间隔进行种植;条带化种植,两行为一带,按带间 1.80 米大行距、行间 0.50 米小行距密植,株距 0.50 米(图 8.4)。

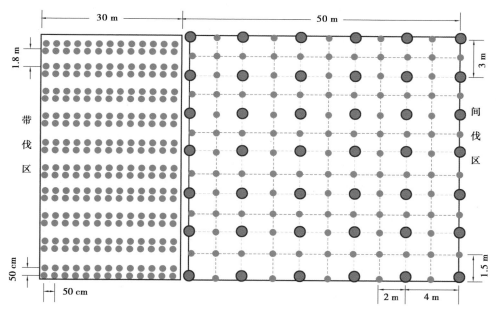

图 8.4 林下种植甜茶示意图

4)配套设施建设

①建立灌溉系统,每 160 亩修建高位水池 1 个,容积 336 立方米,建设一个水泵房(约 15 平方米),配置水泵系统 1 套。间伐区每 15～20 亩配置快速取水口 1 个,补水系统 1 套。

②建设生产便道。沿间伐区和条带区纵向建设生产便道。

③建立监控系统。在种植区每个出入卡口、高位水池处各建立风光互补无线监控系统 1 套,每个条带内顶部、腰部和底部建立太阳能土壤墒情采集设备 1 套。

8.2.3 效益分析

1）经济价值

甜茶用途广泛,经济价值潜力大,既可以用于功能性饮料,作为健康养生产品投放市场,又可以作为原材料在医药、保健领域大显身手,还可以在天然甜味剂领域独领风骚。甜茶种植后按5年进入丰产期估算,甜茶每年可采摘2次,平均每亩甜茶可产毛茶60千克、干叶100千克,市场价值约1万元/亩,具有较高的经济回报率。

2）生态效益

林下种植甜茶极大地提高了林地利用率。甜茶与林木混交种植,能够改善林分结构,充分利用营养空间,为林木丰产创造条件。同时改善立地条件,改善土壤性质,提高林分与生态环境质量。与纯林单作相比,减少病虫害、防止火灾蔓延等防护效益得到增强。

3）社会效益

近些年,甜茶正从民间零星种植步入产业化发展,鉴于甜茶集药用价值、甜素价值和保健价值等于一体,其经济社会价值在短期内具备迅速放大的机会,能够带动农村林区药食资源培育、康养、休闲、观光等一体化产业发展,对于百姓致富、乡村振兴和造福人类健康事业等有重要意义。1 500亩甜茶基地直接带动50人就业,人均年务工收入3 000元。因此,把握当前乡村振兴和林业改革的机遇,站在产业化高度"多快好省"地来发展甜茶,既有利于林下经济多元化发展,夯实林下经济基础,抢占甜茶产业的资源和市场主导地位,又能助力当下国家乡村振兴战略,促进富民产业发展。

展　望

　　中林集团重庆林投公司深学笃用习近平生态文明思想，保持生态文明建设战略定力，统筹山水林田湖草系统治理，走科学、生态、节俭的绿化发展之路，以提高森林碳汇能力为目标，搭建生态产品价值实现平台，开发森林碳汇生态产品，持续扩大重庆国家储备林建设规模，加快木结构工程技术研究，发展森林旅游、森林康养产业，共同加快推进重庆林业产业高质量发展，为筑牢长江上游重要生态屏障、加快建成山清水秀美丽之地奠定基础。

　　2022年7月30日，市委副书记、市长胡衡华，市委常委、市政府常务副市长陆克华与中林集团党委书记、董事长余红辉会谈深化合作事宜，为重庆林投公司接续开展国家储备林建设进一步明晰了发展方向，即以国家储备林建设为中心，布局发展油茶、特色林产品加工贸易、森林康养旅游等产业，加快建设国家林业草原国家储备林工程技术研究中心、国家储备林智慧林业中心和森林碳汇认证中心，切实提升森林质量和提高森林碳汇能力，促进林业一、二、三产业高质量融合发展。进一步明确了工作目标，"十四五"末，储备林经营面积达到600万亩，继续加大储备林收储和森林经营工作力度，绿色智慧林业产业形成初步格局，"双碳"目标实践路径迈出实质步伐。"十五五"末，储备林经营面积累计达到1 200万亩，绿色智慧林业产业形成规模格局，"双碳"目标取得明显成效。累计培育楠木等优良乡土树种、大径级和珍贵树种用材林500万亩以上，完成油茶产业示范基地建设30万亩。实现国家林业草原国家储备林工程技术研究中心、国家储备林智慧林业中心高质量运行。企业碳账户、碳信用等碳金融建设取得初步成果。

在接下来的工作中,重点做好打造国家储备林建设样板、加快发展绿色智能林业产业、积极探索"双碳"目标实践路径3方面的工作,主要包括12项具体内容。

(1)打造国家储备林建设样板

一是科学编制国家储备林总体规划。按照市委、市政府"十四五"及以后一个时期的重点工作安排,紧密结合长江经济带生态优先、绿色发展,巩固脱贫攻坚成果同乡村振兴有效衔接,成渝地区双城经济圈协同发展,碳达峰、碳中和等国家重大战略部署,根据国土"三调"成果、重庆市国土空间总体规划和全市林地专项调查成果,严格执行制止耕地"非农化"、防止"非粮化"有关规定,聚焦筑牢长江上游重要生态屏障和建设山清水秀美丽之地总目标,妥善处理生态与惠民、保护和发展、整体和重点、当前和长远的关系,科学编制完善国家储备林总体规划,明确总体任务、工作思路、项目布局和重点举措,增强规划的可行性、生态性和可操作性,为项目建设提供遵循。

二是加快推进国家储备林收储工作。坚持"一区两群"总体布局,以适宜储备林建设林地面积30万亩以上的区县为收储重点,在巩固"两群"重点区县收储成果的同时,加快主城都市区国家储备林收储工作。充分发挥社会专业机构的资源优势,积极探索国家储备林收储代理机制,优先收储乡村林场、林业专业合作社的森林,推动优质林地资源的有效聚集。增加落实国有人工商品林地入股100万亩,加大区县国有平台公司与重庆林投公司的合作。有关单位加快开展天然林科学认定,优化公益林布局,为国家储备林建设预留发展空间。有效解决收储林地权证办理政策障碍,完善权证办理流程,有序推进收储林地经营权证办理。

三是加快国家储备林基地建设。坚持科学育林,通过集约人工林栽培、现有林改培、中幼林抚育等措施,在我市长江以南、乌江以西建立100万亩国家储备林森林经营示范基地,不断优化林分结构,提升森林质量,培育稳定健康优质高效的森林生态系统,提供优质木材供给,储存绿色财富。依托国家储备林林地资源,发展林下中药材、林下食用菌、林下养殖及林下采集加工等林下经济产业,探索生态保护修复与经济发展有机融合,支持和引导加工企业向林下种植养殖集中区布局,打造林下经济产业集群。完善与村集体经济组织及林农的利益连接机制,打造国家储备林建设样板。积极争取并统筹整合使用涉林项目资金,重点支持国家储备林基地建设。加强采伐限额、疫木利用、林业配套基础设施等方面的支撑保障。

四是全力抓好国家试点示范建设。加力推进梁平区松材线虫病防治与马尾松林改培和酉阳县、彭水县松材线虫病防控与马尾松林改培油茶两个国家试点项目建设,通过实施松材线虫病疫木除治、疫木安全利用、松树纯林带(块)状改培,培育大径级和乡土珍贵树种用材林,建设油茶基地,探索松材线虫病科学防控、系统治理和森林可持续发展模式,将松树纯林改造为多树种的针阔混交林,变被动防治为主动防控。总结提炼松材线虫病疫木除治与马尾松林提质增效双赢的新路径、新方法、新模式、新机制,逐步向全市2 500万亩马尾松推广应用,进一步完善马尾松林改培强度、疫木安全利用、林木种苗等相关技术标准,为科学保护和合理利用马尾松林资源,推动林业高质量发展提供示范。

五是大力发展油茶产业。在油茶适宜区域,以油茶产业扩面、增产、提质为主线,以增加油茶资源总量、提高油茶单产水平、推动产业规模化发展等为重点,着力抓好油茶林收储、高产林培育、低产林改造、油茶加工企业培育和地方品牌建设等重点环节,增强食用植物油供给,推动全市油茶产业进入新的发展阶段。打造30万亩高品质油茶基地,不断壮大油茶产业,巩固拓展脱贫攻坚成果同乡村振兴有效衔接。有关单位研究出台相应的用地政策、补贴政策,支持油茶良种基地建设,加大油茶产业科技支撑力度。

(2)加快发展绿色智能林业产业

一是发展国家林业草原国家储备林工程技术研究中心。共同以"国家林业草原国家储备林工程技术研究中心"为载体,推进现代林业研发、种质创制、孵化转化、生态产品价值实现平台建设。结合"工程中心"建设"重庆国家储备林重点实验室",设立林木种质创制社会组织服务机构;支持引进高层次人才队伍,享受重庆市高层次人才队伍引进奖补政策;支持重庆国家储备林相关标准的制订与发布。

二是建设国家储备林智慧中心。融入国家林草生态网络感知系统,搭建林业智慧化综合管理平台,实现国家储备林精准化、高效化、可视化、智能化管理。支持将储备林智慧系统纳入全市森林资源管理和防火防灾预警监测体系建设。

三是建立国家重点野生动植物保护资源库。积极争取国家重点野生动植物保护资源库建设,开展重要野生植物种质资源的标准化收集、整理、保藏工作,保障野生植物种质资源安全。

四是建设中林集团木结构建筑研究中心。推进木结构建筑研究和试点,推动装配式木结构产业发展,助力经济社会绿色可持续发展。明确木结构建筑设计研发经费配套、人才引进、税收、土地等优惠政策,加大政府工程项目向木结构建筑试

点倾斜力度。

五是发展森林旅游、森林康养产业。以国家储备林为载体,结合山水林田湖草综合整治,分批创建集康养、文旅、研学多元化发展的森林旅游、森林康养示范基地。落实示范基地设施用地等相关政策,完善基础设施配套;加大国家和地方专项资金补助支持力度。

(3)积极探索"双碳"目标实践路径

一是做大森林碳汇增量。依托国家储备林、"两岸青山·千里林带"等林业项目建设,不断做大重庆生态资源资产数量,巩固提升森林碳汇能力。支持并参与建好用活重庆"碳惠通"(CQCER)生态产品价值实现平台,常态化推动"两山"价值转化;支持并参与森林碳汇行业标准制订。设立重庆市碳汇资源开发与碳汇资产管理社会组织服务机构,开展林业碳汇质押信贷、融资租赁、碳远期等业务试点,增强林业碳汇金融属性。

二是设立碳汇认证中心(西南)。与重庆高校、科研单位建立合作,设立碳汇认证中心(西南),引进碳汇高层次人才,助力提升重庆森林碳汇科技水平;加快推进森林"碳汇"方法学修订、"碳汇"核定等地方标准制订。建立"森林资源管理平台"+"碳资产开发平台"+"碳汇交易平台"产业链,以完整打造产业链推动生态产品价值的高质量实现。

重庆国家储备林建设大事记

（2018 年 8 月—2022 年 8 月）

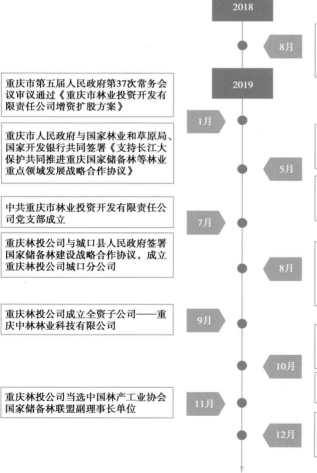

2018

8月 中林集团与重庆市政府签署《战略合作协议》，中林集团与重庆市林业局签署《重庆市林业投资开发有限责任公司增资扩股协议》

重庆市第五届人民政府第37次常务会议审议通过《重庆市林业投资开发有限责任公司增资扩股方案》

2019

1月

重庆市人民政府与国家林业和草原局、国家开发银行共同签署《支持长江大保护共同推进重庆国家储备林等林业重点领域发展战略合作协议》

5月 重庆林投公司召开第一次股东会、董事会、监事会，选举董事、监事，通过公司《章程》

中共重庆市林业投资开发有限责任公司党支部成立

时任副市长陆克华为重庆林投公司成立授牌，国开行重庆市分行与重庆林投公司签署100亿元授信协议

7月

重庆林投公司与城口县人民政府签署国家储备林建设战略合作协议，成立重庆林投公司城口分公司

8月 重庆市发展改革委、市林业局、市财政局联合印发《关于加快推进重庆市国家储备林建设的通知》(渝发改农〔2019〕1103号)，支持重庆市国家储备林项目建设

重庆林投公司成立全资子公司——重庆中林林业科技有限公司

9月

重庆林投公司与城口县政府成立首家控股子公司——城口县大巴山林业开发有限公司

10月

国家开发银行重庆市分行发放重庆市国家储备林项目首笔贷款5亿元

重庆林投公司当选中国林产工业协会国家储备林联盟副理事长单位

11月

12月 重庆林投公司兑付首批国家储备林集体林权流转资金；重庆林投公司入选重庆市级林业龙头企业名单

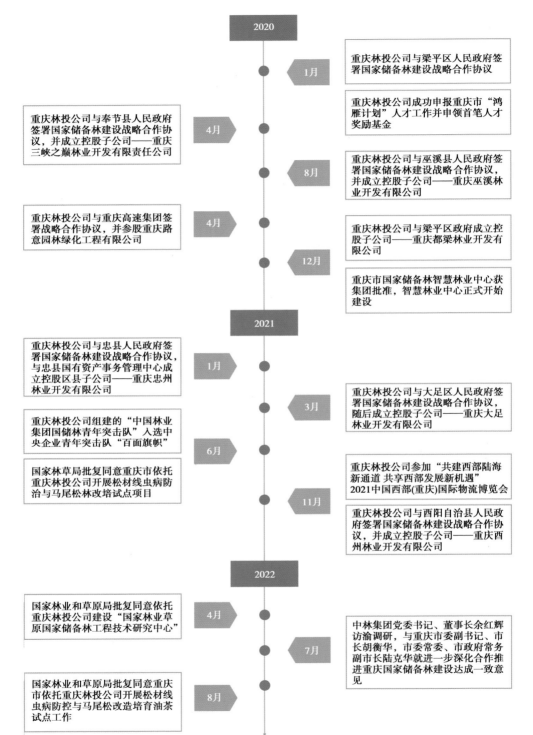

2020

1月　重庆林投公司与梁平区人民政府签署国家储备林建设战略合作协议

重庆林投公司与奉节县人民政府签署国家储备林建设战略合作协议，并成立控股子公司——重庆三峡之巅林业开发有限责任公司　4月

重庆林投公司成功申报重庆市"鸿雁计划"人才工作并申领首笔人才奖励基金

8月　重庆林投公司与巫溪县人民政府签署国家储备林建设战略合作协议，并成立控股子公司——重庆巫溪林业开发有限公司

重庆林投公司与重庆高速集团签署战略合作协议，并参股重庆路意园林绿化工程有限公司　4月

重庆林投公司与梁平区政府成立控股子公司——重庆都梁林业开发有限公司

12月　重庆市国家储备林智慧林业中心获集团批准，智慧林业中心正式开始建设

2021

重庆林投公司与忠县人民政府签署国家储备林建设战略合作协议，与忠县国有资产事务管理中心成立控股子公司——重庆忠州林业开发有限公司　1月

3月　重庆林投公司与大足区人民政府签署国家储备林建设战略合作协议，随后成立控股子公司——重庆大足林业开发有限公司

重庆林投公司组建的"中国林业集团国储林青年突击队"入选中央企业青年突击队"百面旗帜"　6月

国家林草局批复同意重庆市依托重庆林投公司开展松材线虫病防治与马尾松林改培试点项目

重庆林投公司参加"共建西部陆海新通道 共享西部发展新机遇"2021中国西部(重庆)国际物流博览会

11月　重庆林投公司与酉阳自治县人民政府签署国家储备林建设战略合作协议，并成立控股子公司——重庆酉州林业开发有限公司

2022

国家林业和草原局批复同意依托重庆林投公司建设"国家林业草原国家储备林工程技术研究中心"　4月

7月　中林集团党委书记、董事长余红辉访渝调研，与重庆市委副书记、市长胡衡华，市委常委、市政府常务副市长陆克华就进一步深化合作推进重庆国家储备林建设达成一致意见

国家林业和草原局批复同意重庆市依托重庆林投公司开展松材线虫病防控与马尾松改造培育油茶试点工作　8月

参考文献

［1］陆元昌.近自然森林经营的理论与实践［M］.北京:科学出版社,2006.

［2］孟祥江.马尾松近自然经营探索与实践［M］.北京:中国林业出版社,2019.

［3］王小平,陆元昌,秦永胜,等.北京近自然森林经营技术指南［M］.北京:中国林业出版社,2008.

［4］杨宝君,潘宏阳,汤坚,等.松材线虫病［M］.北京:中国林业出版社,2003.

［5］周彩贤,智信,朱建刚,等.近自然森林经营——北京的探索与实践［M］.北京:中国林业出版社,2016.

［6］陈本文.重庆退耕还林实践［M］.杨陵:西北农林科技大学出版社,2015.

［7］国家林业和草原局.中国森林资源报告2014—2018［M］.北京:中国林业出版社,2019.

［8］国家林业局世行中心.推广世行项目经验保障国家木材安全［M］.北京:中国林业出版社,2014.

［9］洪伟,吴承祯.马尾松人工林经营模式及其应用［M］.北京:中国林业出版社,1999.

［10］惠刚盈,赵中华,胡艳波.结构化森林经营技术指南［M］.北京:中国林业出版社,2010.

［11］亢新刚.森林资源经营管理［M］.北京:中国林业出版社,2001.

［12］刘进社.森林经营技术［M］.北京:中国林业出版社,2007.

［13］森林可持续经营国际会议论文集编委会.森林经营的方向［M］.北京:中国科

学技术大学出版社,2008.

[14] 沈国舫. 森林培育学[M]. 北京:中国林业出版社,2001.

[15] 唐守正. 全国木材战略储备生产基地营造林模式及典型案例[M]. 北京:中国林业出版社,2014.

[16] 杨宝君,潘宏阳,汤坚,等. 松材线虫病[M]. 北京:中国林业出版社,2003.

[17] 叶镜中,孙多. 森林经营学[M]. 北京:中国林业出版社,1995.

[18] 张志翔. 树木学 北方本[M]. 北京:中国林业出版社,2008.

[19] 孔青青. 中国松材线虫南北种群变异的研究[D]. 南京:南京林业大学,2021.

[20] 张潮. 我国松材线虫病的扩散趋势及气候对疫情的影响研究[D]. 北京:北京林业大学,2020.

[21] 仇辉康. 松材线虫病四种防治技术的效果效益比较[D]. 杭州:浙江农林大学,2015.

[22] 刘佳儒. 国家储备林项目融资模式与案例分析[D]. 北京:北京林业大学,2018.

[23] 王壮. 松材线虫病伐除迹地木本植物的自然恢复[D]. 北京:北京林业大学,2012.

[24] 闫明. 基于地理设计的国家储备林空间布局优化决策研究[D]. 北京:中国林业科学研究院,2018.

[25] 赵芸. 金洞林场国家储备林森林多目标经营规划研究[D]. 北京:北京林业大学,2020.

[26] 杨琳芳. 森林经营措施在提高森林防火工作中的积极影响[J]. 新农业,2022(10):36-37.

[27] 叶建仁,吴小芹. 松材线虫病研究进展[J]. 中国森林病虫,2022,41(3):1-10.

[28] 郭红艳,谷卫彬,徐磊. 国家储备林建设中开展林下经济的探讨[J]. 中国林业经济,2022(1):85-88.

[29] 李洪,涂宏涛,姚兴博,等. 经营单位级森林资源动态监测评估系统构建研究[J]. 林业资源管理,2022(2):54-60.

[30] 罗廉. 开发性金融支持国家储备林建设的模式与路径研究——以重庆国家储备林项目为例[J]. 现代商贸工业,2022,43(10):113-114.

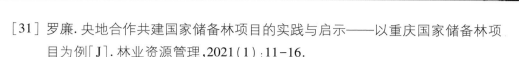

［31］罗廉. 央地合作共建国家储备林项目的实践与启示———以重庆国家储备林项目为例［J］. 林业资源管理,2021(1):11-16.

［32］吴国欣,何彦然,张伟,等. 广西国家储备林建设现状及高质量发展策略［J］. 广西林业科学,2022,51(3):445-451.

［33］张涵雨,陶建军. 中国木材供需分析［J］. 赤峰:赤峰学院学报(自然科学版),2021,37(9):86-89.

［34］张蕲. 国家储备林建设探讨［J］. 昆明:西南林业大学学报(社会科学),2017,1(2):27-31.

［35］朱教君,毛志宏. 不同人为干扰梯度对辽东山区次生林结构与植物多样性影响［C］. 中国生态学会 2006 学术年会论文荟萃,2006:64.

［36］Andrés Bravo Oviedo, Hans Pretzsch, Miren del Río. Dynamics, Silviculture and Management of Mixed Forests［M］. Springer Cham, 2018.

［37］Arne Pommerening, Pavel Grabarnik. Individual-based Methods in Forest Ecology and Management［M］. Springer Cham, 2019.

［38］José M. Rodrigues. Pine Wilt Disease: A Worldwide Threat to Forest Ecosystems ［M］. Springer Netherlands, 2008.

［39］Ratikanta Maiti, Humberto González Rodríguez, S. M. Jalil, et al. Forest Management: Concepts and Applications［M］. Apple Academic Press, 2020.

［40］John Innes, Anna Tikina. Sustainable Forest Management［M］. Taylor and Francis, 2016.

［41］Melanie Wilson. Plantations and Forestry Products in Forest Management［M］. Tritech Digital Media, 2018.

［42］Pommerening Arne, Maleki Kobra, Haufe Jens. Tamm Review: Individual-based Forest Management or Seeing the Trees for the Forest［J］. *Forest Ecology and Management*, 2021, 501:119677.

［43］Horst W Kassier. Forest Dynamics, Growth and Yield: From Measurement to Model［J］. *Southern Forests: a Journal of Forest Science*, 2011, 73(1).

［44］Akiko Yoshimura, Kohkichi Kawasaki, Fugo Takasu, et al. Modeling the Spread of Pine Wilt Disease Caused by Nematodes with Pine Sawyers as Vector［J］. *Ecology*, 1999, 80(5):1691-1702.

［45］Food and Agriculture Organization of the United Nations. Global Forest Resources Assessment［R］. 2020.

附 录

重庆国家储备林营造林树种名录

序号	科名	属名	树种	拉丁名称	平均储备林龄/年	利用类型	珍贵树种
1	松科 Pinaceae	落叶松属 Larix	日本落叶松	*Larix japonica* hort. ex Carrière	50	②	
2		松属 Pinus	马尾松	*Pinus massoniana* Lamb.	20	②	
3			华山松	*Pinus armandii* Franch.	50	②	
4		杉木属 Cunninghamia	杉木[1.2.3]	*Cunninghamia lanceolata* (Lamb.) Hook.	25	②	
5		柳杉属 Cryptomeria	柳杉[2]	*Cryptomeria japonica* var. *sinensis* Miq.	25	②	
6	柏科 Cupressaceae	水杉属 Metasequoia	水杉[2.3.4]	*Metasequoia glyptostroboides* Hu & W. C. Cheng	25	②	
7		柏木属 Cupressus	柏木[1.2.3.4]	*Cupressus funebris* Endl.	30	②	
8	红豆杉科 Taxaceae	红豆杉属 Taxus	红豆杉[1.2.3.4]	*Taxus wallichiana* var. *chinensis* (Pilg.) Florin	50	②	珍贵
9	木兰科 Magnoliaceae	厚朴属 Houpoea	厚朴[2]	*Houpoea officinalis* (Rehder et E. H. Wilson) N. H. Xia et C. Y. Wu	25	②③	
10		鹅掌楸属 Liriodendron	鹅掌楸[1.3.4]	*Liriodendron chinense* (Hemsl.) Sargent.	30	②	珍贵
11	樟科 Lauraceae	木姜子属 Liisea	毛豹皮樟	*Liisea coreana* var. *lanuginosa* (Migo) Yang et P. H. Huang	30	②③	
12		山胡椒属 Lindera	黑壳楠[4]	*Lindera megaphylla* Hemsl.	30	②	
13		檫木属 Sassafras	檫木[2.3]	*Sassafras tzumu* (Hemsl.) Hemsl.	15	①	珍贵
14		樟属 Cinnamomum	樟[2.3.4]	*Cinnamomum camphora* (L.) J. Presl	30	②	
15		樟属 Cinnamomum	银木[1.4]	*Cinnamomum septentrionale* Hand.-Mazz.	30	②	珍贵
16		楠属 Phoebe	楠木[1.2.3.4]	*Phoebe zhennan* S. Lee et F. N. Wei	50	②	珍贵
17		润楠属 Machilus	润楠	*Machilus nanmu* (Oliv.) Hemsl.	30	②	

续表

序号	科名	属名	树种	拉丁名称	平均储备林龄/年	利用类型	珍贵树种
18	豆科 Fabaceae	皂荚属 Gleditsia	皂荚[1.2.4]	Gleditsia sinensis Lam.	25	②	
19		红豆属 Ormosia	红豆树[4]	Ormosia hosiei Hemsl. et Wils.	30	②	珍贵
20	山茱萸科 Cornaceae	山茱萸属 Cornus	灯台树	Cornus controversa Hemsl.	25	②	
21		山茱萸属 Cornus	光皮梾木[1.2.3.4]	Cornus wilsoniana Wangerin	25	②	珍贵
22	五加科 Araliaceae	刺楸属 Kalopanax	刺楸	Kalopanax septemlobus (Thunb.) Koidz.	25	②	珍贵
23	蕈树科 Altingiaceae	枫香树属 Liquidambar	枫香树[2.3]	Liquidambar formosana Hance	25	②	
24	杨柳科 Salicaceae	杨属 Populus	杨[2]	Populus spp.	15	①②	
25		山桐子属 Idesia	山桐子[1.2]	Idesia polycarpa Maxim.	20	②	
26		桤木属 Alnus	桤木[1.2.3]	Alnus cremastogyne Burk.	15	①	
27	桦木科 Betulaceae	桦木属 Betula	亮叶桦[4]	Betula luminifera H. Winkl.	20	①②	珍贵
28		柯属 Lithocarpus	木姜叶柯[1]	Lithocarpus litseifolius (Hance) Chun	30	②③	
29	壳斗科 Fagaceae	柯属 Lithocarpus	多穗石栎	Lithocarpus polystachyus (Wall. ex A. DC.) Rehder	30	②	
30		青冈属 Cyclobalanopsis	青冈[3]	Cyclobalanopsis glauca (Thunb.) Oerst.	30	②	珍贵
31		栎属 Quercus	麻栎	Quercus acutissima Carruth.	30	②	珍贵
32	胡桃科 Juglandaceae	胡桃属 Juglans	胡桃[1.2]	Juglans regia Linn.	30	②③	珍贵
33		枫杨属 Pterocarya	枫杨[1.2]	Pterocarya stenoptera C. DC.	25	②	
34	榆科 Ulmaceae	榉属 Zelkova	榉[3.4]	Zelkova serrata (Thunb.) Makino	20	②	珍贵

序号	科	属	中文名	学名			
35	大麻科 Cannabaceae	山黄麻属 Trema	羽脉山黄麻[1]	Trema levigata Hand.-Mazz.	15	①③	
36		朴属 Celtis	朴树	Celtis sinensis Pers.	20	②	
37	杜仲科 Eucommiaceae	杜仲属 Eucommia	杜仲[3]	Eucommia ulmoides Oliv.	20	②③	珍贵
38	锦葵科 Malvaceae	梧桐属 Firmiana	梧桐	Firmiana simplex (L.) W. Wight	25	②	
39	杜英科 Elaeocarpaceae	杜英属 Elaeocarpus	杜英[2]	Elaeocarpus decipiens Hemsl.	25	②	
40	叶下珠科 Phyllanthaceae	秋枫属 Bischofia	秋枫[2]	Bischofia javanica Bl.	25	②	
41	大戟科 Euphorbiaceae	油桐属 Vernicia	油桐[1,2,3]	Vernicia fordii (Hemsl.) Airy Shaw	15	①③	
42		乌桕属 Triadica	乌桕[3]	Triadica sebifera (L.) Small	15	①③	
43	山茶科 Theaceae	山茶属 Camellia	油茶[1,2,3]	Camellia oleifera Abel	8	③	
44		木荷属 Schima	木荷[1,2,3]	Schima superba Gardn. et Champ.	20	②	
45	桃金娘科 Myrtaceae	桉属 Eucalyptus	桉	Eucalyptus spp.	8	①②	
46	芸香科 Rutaceae	黄檗属 Phellodendron	黄檗	Phellodendron amurense Rupr.	30	②	珍贵
47	苦木科 Simaroubaceae	臭椿属 Ailanthus	臭椿	Ailanthus altissima (Mill.) Swingle	15	①	
48	楝科 Meliaceae	楝属 Melia	楝	Melia azedarach Linn.	15	①	
49		香椿属 Toona	红椿[1,2,3,4]	Toona ciliata Roem.	20	②	珍贵
50		香椿属 Toona	香椿[2,3,4]	Toona sinensis (A. Juss.) Roem.	20	②	珍贵
51	无患子科 Sapindaceae	无患子属 Sapindus	无患子[3]	Sapindus saponaria L.	20	②	
52		栾属 Koelreuteria	复羽叶栾[1,2]	Koelreuteria bipinnata Franch.	25	②	
53	漆树科 Anacardiaceae	黄连木属 Pistacia	黄连木[3,4]	Pistacia chinensis Bunge.	25	②	珍贵
54		漆属 Toxicodendron	漆	Toxicodendron vernicifluum (Stokes) F. A. Barkl.	20	②③	珍贵

续表

序号	科名	属名	树种	拉丁名称	平均储备林龄/年	利用类型	珍贵树种
55	木樨科 Oleaceae	木樨榄属 Olea	木樨榄[1]	Olea europaea Linn.	8	③	
56	禾本科 Poaceae	寒竹属 Chimonobambusa	金佛山方竹[1,2,3]	Chimonobambusa utilis (Keng) Keng. f.	5	①③	
57		刚竹属 Phyllostachys	毛竹[2]	Phyllostachys edulis (Carrière) J. Houz.	5	①③	

注:1. 树种学名代码"1"表示该树种(类)有品种被审(认)定为重庆市林木良种;"2"表示《重庆市主要造林树种名录(2019)》;"3"表示《重庆市主要乡土造林树种名录(第一批)》;"4"表示《重庆市主要栽培珍贵树种名录(2019)》。

2. 利用类型代码"①",以中短周期用材为主的树种;类型代码"②",以长周期用材为主的乡土珍稀大径级树种;类型代码"③",以用材为主兼顾其他经济效益的树种。